Tsingtau, sein Handel und sein Zoll-System

Ein Rückblick auf die Entwickelung des Deutschen Schutzgebietes Kiautschou und seines Hinterlandes in dem Jahrzehnt von 1902-1911

von

:: **E. Ohlmer** ::

Direktor des Seezollamts Kiautschou

Vorwort.

Der vorliegende Bericht ist eine Uebersetzung des Tsingtau behandelnden Abschnittes aus den letzten Dezennalberichten des Chinesischen Seezolls. Die Veröffentlichungen dieser ganz China umfassenden, unter europäischer Leitung arbeitenden Behörde erfreuen sich von je weitgehendster Beachtung, welche die Dezennalberichte ganz besonders verdienen, da sie einen umfassenden Ueberblick über die Entwicklung einer längeren Periode geben und eine Fülle allgemein interessierenden, sonst schwer zugänglichen Tatsachenmaterials enthalten. Soweit Tsingtau in Frage kommt, hat der eben veröffentlichte, die Jahre 1902 bis 1911 behandelnde Bericht um deswillen noch ganz besondere Bedeutung, weil er Gelegenheit gab, die Entwicklung dieses Platzes vom unbekannten Fischerdorf zum modernen, mit an der Spitze marschierenden Hafen Chinas zu beleuchten und seinen Einfluss auf den wirtschaftlichen und kulturellen Aufschwung der ganzen Provinz Schantung nachzuweisen. Hinzu kommt noch, dass diese Jahre glänzendster Entwicklung zugleich für das auf die Tsingtauer Verhältnisse besonders zugeschnittene neue Zollsystem, das von dem allgemein üblichen bisherigen Schema wesentlich abweicht, die Probe auf das Exempel bedeuteten, wodurch seine Brauchbarkeit, mehr noch seine unleugbaren grossen Vorzüge, mit denen es für das Aufblühen Tsingtaus eine entscheidende Rolle gespielt hat, aufs deutlichste bewiesen sind. Es handelt sich dabei vielfach um Dinge, die der breiteren Oeffentlichkeit bislang noch so gut wie unbekannt blieben, die aber doch verdienen, beachtet zu werden. Es ist daher anzunehmen, dass dieser Auszug des ursprünglich in englischer Sprache veröffentlichten zollamtlichen Berichtes von genügendem Interesse für das deutsche Publikum sein wird, um eine Sonderausgabe in deutscher Sprache zu rechtfertigen.

Tsingtau, im Dezember 1913.

E. Ohlmer,
Direktor des Seezollamtes Kiautschou.

Inhaltsverzeichnis.

Die ersten zehn Jahre von 1902 bis 1911 sind für Tsingtau im allgemeinen und für seinen Handel im besonderen eine Zeit ungeahnten Fortschritts und glücklichster Entwicklung geworden. Schiffsverkehr, Handelswert, Zolleinnahmen haben sich mehr als vervierfacht. Der Gesamtraumgehalt der ein- und auslaufenden Schiffe betrug 1902 erst 493,515 Tonnen, 1911 dagegen 2,140,583 Tonnen. Der Wert der ein- und ausgeführten Waren bezifferte sich 1902 auf 10,3 Millionen, 1911 aber auf 52 Millionen Taels. Diese grossen Erfolge sind in erster Linie zurückzuführen: einmal auf die bedeutenden Verkehrserleichterungen, die der neue, durch die Eisenbahn unmittelbar mit dem Hinterlande verbundene Hafen brachte, dann aber auf die Wirkungen des eigenartigen Tsingtauer Zollsystems. Der neue Hafen wurde 1904 dem Verkehr übergeben. Seine bequemen Dampferanlegestellen und geräumigen Lagerschuppen sind elektrisch beleuchtet und mit allen Einrichtungen der Neuzeit für Laden und Löschen versehen. Die Geleise der Schantung-Eisenbahn führen bis unmittelbar auf die Molen an die Liegeplätze der Schiffe. Durch die Verbindung dieser Linie mit der Tientsin-Pukou-Eisenbahn ist ein Warenverkehr ohne Umladen bis weit ins Hinterland möglich. Ebenso können jetzt auch Passagiere von Tsingtau durch Schantung und Nordchina nach Tientsin und Peking, ja bis nach Sibirien und Europa und umgekehrt durchreisen. Die Abfahrtszeiten der Post- und Passagierdampfer sind überdies dem Eisenbahnfahrplan so angepasst, dass über Tsingtau die schnellsten Verbindungen erreichbar sind. Der Schiffsverkehr im und zum Hafen vollzieht sich selbst bei Nacht und bei schlechtem Wetter völlig gefahrlos, da die Einfahrt durch ein vollkommenes System von Leuchtfeuern und Schiffahrtszeichen unverfehlbar kenntlich gemacht ist. Das Tsingtauer Zollsystem war bei seiner Einführung im Jahre 1899 zunächst ein Versuch. Im Jahre 1905 erfuhr es einige wichtige Abänderungen und Verbesserungen. Es hätte nach den damals getroffenen Bestimmungen dann im Jahre 1910 von beiden Seiten gekündigt werden können. Da eine Kündigung nicht erfolgte, muss angenommen werden, dass es allseitig befriedigt. Inzwischen ist es auch in Dalny eingeführt worden; deshalb dürfte wohl eine kurze Schilderung seiner Entstehung, seiner Ziele, Vorteile und Ergebnisse von allgemeinem Interesse sein.

Bei Entwurf des Kiautschou-Zollabkommens im Jahre 1899 hatten die Vertreter Deutschlands und Chinas zunächst das Ziel im Auge, eine für beide Länder gleich vorteilhafte Regelung zu schaffen, die geeignet war zur förderlichen Entwicklung des Handels und Heranziehung chinesischer Kaufleute in das Pachtgebiet, das bislang von Fischern bewohnt war und nur einen ganz unbedeutenden Dschunkenhandel gehabt hatte.

Von vornherein war es klar, dass dieses Ziel unter dem allgemein üblichen System mit einem Zollamt an der Grenze und Zollstationen rund um das fremde Gebiet nicht zu erreichen war. Die chinesischen Kaufleute würden sich natürlich, statt in Tsingtau, in der Nähe des Zollamts auf chinesischem Grund und Boden angesiedelt haben, wo Gesetz und Verwaltung ihnen vertraut waren. Dort würde dann der chinesische Handelsplatz entstanden sein zum Nachteil von Tsingtau und seinem Handel. Die deutschen Kaufleute hätten unter beträchtlichen Mehrkosten und Zeitverlust nach der Chinesenstadt gehen müssen, um ihre Geschäfte zu machen, oder mindestens dort Zweigniederlassungen einrichten müssen. Ein weiterer Grund gegen Anwendung des Grenzzollsystems war für China die Befürchtung, dass sich ein lebhafter Schmuggel, namentlich in Waffen und Opium, entwickeln würde, zu dessen Unterdrückung eine kostspielige Wasserpolizei nötig gewesen wäre. Ein solche Zollkontrolle würde aber nicht nur den ehrlichen Handel erheblich belästigt haben, sondern, wie die Erfahrungen in Hongkong und Macao zeigen, ständig zu Reibereien zwischen den beiderseitigen Behörden geführt und die guten Beziehungen Deutschlands und Chinas andauernd gefährdet haben.

Alle diese Erwägungen führten zu der Regelung, deren Einzelbestimmungen in dem provisorischen Zollabkommen von 1899 zusammengefasst sind. Man wagte in Tsingtau ein völlig neues Experiment und legte das chinesische

Zollamt in den deutschen Hafen. Zunächst handelte es sich nur um einen unverbindlichen Versuch. Das neue System bewährte sich indessen so gut, dass im Jahre 1905 das Abkommen in erweiterter und in einigen Punkten verbesserter Form erneuert wurde. Die Einzelheiten sind in den Jahresberichten des Kiautschou-Zollamts für 1899 und 1906 zu finden. Die Verbesserungen des Zusatzabkommens von 1905 sind kurzgefasst folgende:

> Die Zollkontrolle auf den Bahnhöfen und an der Grenze des Schutzgebietes wird aufgehoben, und die Funktionen des Zollamts auf den Freihafen beschränkt. Einfuhrwaren werden zollpflichtig beim Verlassen des Freihafens einwärts, und Ausfuhrwaren bei der Verschiffung, 20% der Einfuhrzolleinnahme sind vierteljährlich an das K. G. abzuführen als Gegenleistung für die im Pachtgebiet verbrauchten, verzollten Einfuhrwaren.

Die alljährlichen Zollberichte zeigen, wie sich der Handel von Kiautschou in den folgenden Jahren von 1907 bis 1911 stetig zu immer grösserer Blüte entwickelt hat. Es sind das die schlimmen Jahre der allgemeinen Depression im Welthandel von 1907-08, dann der mancherlei lokalen Schwierigkeiten, namentlich des Geldmarktes, des Gummikrachs, der Ueberschwemmungen, Pest, Revolution. Nahezu alle andern Häfen haben in dieser Zeit in ihrem Handel schwere Einbussen erlebt. Auch an Tsingtau ist sie nicht spurlos vorübergegangen. Alles das hat es aber doch nicht in seinem langsamen, doch sicheren Aufstieg aufzuhalten vermocht. Besonders der Ausfuhrhandel, bis 1906 die schwache Seite Tsingtaus, entwickelte sich über alles Erwarten günstig. Strohborten, Erdnüsse, vegetabilische Oele, Seide, Borsten, Baumwolle u. a. m. haben sich von den ehedem bevorzugten Häfen nach Tsingtau gezogen und bilden heute die Hauptartikel seiner Ausfuhr. Fast alle bedeutenderen Chinafirmen, nicht nur deutsche, sondern auch englische und französische, haben eigene Zweigstellen oder wenigstens Vertreter am Ort. Sieben grosse Dampferlinien laufen Tsingtau regelmässig an, teilen sich in die Verfrachtung seiner Ausfuhr und halten im Personen- wie Güterverkehr eine dauernde unmittelbare Verbindung mit allen wichtigen Häfen Europas, Amerikas und Japans aufrecht. Das Fischerdorf von 1899 stand 1911 schon an sechster Stelle unter den Häfen der chinesischen Küste. Diesen Aufschwung aber verdankt Tsingtau nicht zuletzt den Vorteilen, die ihm sein Zollsystem verschafft hat. Diese Vorteile, die dem Seezolle, dem Pachtgebiet und dem Handel gleichmässig zu gute kommen, sind kurzgefasst die folgenden:

Für das Zollamt: 1.) Bequeme Kontrolle des gesamten Schiffsverkehrs in Tsingtau selbst, wie auch in allen zum Zollgebiet Kiautschou gehörigen Dschunkenhäfen, in- und ausserhalb der Bucht, auf deutschem wie auf chinesischem Gebiet. Es erfreut sich dabei der wohlwollenden, tatkräftigen Unterstützung der deutschen Behörden, die vertragsgemäss verpflichtet sind, „dem chinesischen Seezoll im Pachtgebiet seine Amtsführung zu erleichtern und die Erhebung der Zollgefälle mit ihrer Autorität zu decken."

2. Vollkommene Kontrolle über Waffen, Munition und Opium, die es sofort bei der Ankunft übernimmt und im Zollschuppen einlagert; wodurch

3. eine kostspielige Küstenwache unnötig wird und dem Zollamte Ausgaben, Schwierigkeiten und Reibungen erspart bleiben. Schliesslich

4. der Vorteil schnellerer Entwicklung des Handels und damit vergrösserter Zolleinnahmen durch Verkehrs- und Betriebserleichterungen, die ein Zollamt im Schutzgebiet gewähren konnte, bei einem Zollamt an der Grenze unter dem alten System aber unmöglich gewesen wären.

B. Für das Pachtgebiet: Ein rascher Zuzug chinesischer Kaufleute und dadurch schnelle Entwicklung der Stadt, des Hafens und Handels von Tsingtau. Eine so schnelle und glänzende Entwicklung würde Tsingtau nicht erlebt haben mit dem Zollamt ausserhalb des Pachtgebietes und einer konkurrierenden Chinesenstadt an der Grenze. Mit dem Zollamt am Ort und ohne die Zollmauer an der Grenze geniesst nun Tsingtau aber auch den Vorzug völlig freien Handelsverkehrs mit seinem Hinterlande. Alle chinesischen Produkte werden frei von Kontrolle mit der Eisenbahn u. s. w. ins Pachtgebiet eingeführt auf dem Landwege. Verzollt wird nur das, was verschifft wird. Daraus ergibt sich, dass das, was die Kolonie von diesen Produkten gebraucht — Nahrungsmittel, Kohlen, Baumaterialien und vielerlei andere Artikel — unverzollt bleiben. Ferner haben die Tsingtauer Kaufleute den grossen Vorteil, dass sie ihre Ausfuhrartikel sortieren, prüfen, veredeln und verpacken können, wie es ihnen beliebt, und wie sie es für nötig halten, ohne sie vorher verzollen zu müssen. Die Ausfuhr von im Zollgebiete gewonnenen oder hergestellten Produkten ist überhaupt zollfrei. Zollfrei ist ferner auch die Einfuhr aller Waffen und Ausrüstungsgegenstände für die deutschen Truppen des Schutzgebietes sowie im Interesse der Kriegsbereitschaft eingeführte Materialien und Proviantvorräte, die nur einer Bescheinigung seitens des Gouvernements bedürfen. Zollfrei ist weiter die Einfuhr von Maschinen und Maschinenteilen, Geräten und Werkzeugen für gewerbliche, industrielle und landwirtschaftliche Anlagen; ebenso von Baumaterial, Einrichtungsstücken u. s. w. für öffentliche und amtliche Bauten. Zollfrei bleiben schliesslich auch bona fide Passagiergepäck, dazu Postpakete bis zum Zollsatz von einem Dollar. Für aus chinesischem Rohmaterial hergestellte, nach dem Ausland auszuführende Artikel hat der Fabrikant den Vorteil der freien Wahl, den Tarifzoll des Fabrikats oder des dazu verwandten Rohmaterials zu zahlen. Wird der Artikel nach einem chinesischen Hafen ausgeführt, so zahlt er dort den tarifmässigen Zoll; der für das Rohmaterial aber wird zurückvergütet. Für aus ausländischem Rohmaterial hergestellte Artikel wird bei der Ausfuhr der für das eingeführte Rohmaterial gezahlte Zoll zurückerstattet. Bei der Einfuhr in chinesische Häfen zahlen sie dann den tarifmässigen Zoll. Die deutsche Verwaltung hat ferner noch den Vorteil, dass ihr vierteljährlich 20% von den Einfuhrzöllen zufallen. Endlich und wesentlich zum Nutzen beider Parteien ist als eine Folge der gegenseitigen Zugeständnisse zu erwähnen, dass die guten Beziehungen zu den Provinzialbehörden nicht durch grenzverletzende Schmugglerkämpfe gestört werden, wie sie bei Grenzzollämtern ständig vorkommen und eine Quelle unliebsamer Verwicklungen bilden. Da ferner etwaige Zolldifferenzen vom Zolldirektor, der hier auch die Funktion des Zolltaotais ausübt, selbständig und daher freundschaftlich an Ort und Stelle erledigt werden können, so bildet das Zollamt hier einen wesentlichen Faktor in der friedlichen Entwicklung des Handels.

Auch ein Wort über den Freihafen und die Freihafenordnung darf nicht fehlen, da der Erfolg des neuen Zollsystems dadurch wesentlich mit bedingt ist.

Die Grenze des Freihafengebietes wird auf der Landseite durch den Eisenbahndamm der Schantungbahn und eine vorläufige, im Laufe der Zeit schon wiederholt, dem wachsenden Verkehr entsprechend weiter gezogene Umzäunung gebildet. An der Hauptstrasse, vorn am Eingang zum Freihafengebiet, liegt das Zollamt und eine Kontrollstation, an der alle vom und zum Hafen gehenden Güter vorüber müssen. Auf der Seeseite bildet der Wellenbrecher die Grenze. Die Hafeneinfahrt liegt nach Süden. Im Hafen sind zwei Molen vorhanden, woran gleichzeitig zehn Frachtdampfer liegen können, und eine dritte für Petroleumschiffe.

Bei Eröffnung des Hafens gab es auf den Molen nur zwei grosse Speicher zur Aufnahme der Ein- und Ausfuhrgüter; heute sind es schon sieben. Sie sind vom Gouvernement erbaut und im ganzen oder abteilungsweise den Schiffahrtslinien vermietet, sodass jede Gesellschaft ihre eigenen Räume für Ein- und Ausfuhrgut getrennt haben kann. Ladung darf in diesen Schuppen 10 Tage abgabefrei lagern; was nach Ablauf dieser Frist nicht abgenommen ist, muss unter Zollkontrolle in einen besonderen Gouvernementsschuppen überführt werden, wo es Lagergeld bezahlt, oder in einen der Privatschuppen der Kaufleute, deren es im Freihafengebiet schon eine Anzahl gibt, eingelagert werden. In den Molenschuppen der Schiffahrtsgesellschaften befinden sich an den rückwärtigen Ausgängen nach der Landseite zu die Kontrollräume für die Zollbeamten. Dort werden die eingeführten Waren untersucht und nach Entrichtung der Zollgebühren freigegeben; mit einem Passierschein versehen, können sie die Kontrollstelle passieren und das Freihafengebiet verlassen. Auch die Ausfuhrwaren werden dort der zollamtlichen Untersuchung unterzogen und nach Entrichtung der Zollgebühren bis zur Ankunft des Schiffes im Ausfuhrabteil eingelagert. Bei Ankunft des Schiffes wird das Schiffsmanifest und Ladungsverzeichnis dem diensttuenden Zollbeamten ausgehändigt, dann kann sofort mit dem Löschen der Ladung in die Einfuhrabteilung begonnen werden, auch bei Nacht und an Sonn- und Feiertagen. Ebenso können aus den Ausfuhrabteilen die verzollten Ausfuhrgüter sofort, an Bord genommen werden unter Aufsicht eines Zollbeamten, welcher für etwaige nichtverschiffte Waren Ausschluss-Bescheinigungen (shut out certificate) ausstellt. Der Vorteil dieser Regelung ist der, dass die Schiffe schon vor Ankunft beim Zollamt ein- und ausklariert werden können und sofort nach dem Einlaufen ohne Aufenthalt laden und löschen dürfen, auch bei Nacht und an Feiertagen, was eine Ersparnis an Zeit und Geld bedeutet. Die Einrichtung hat sich zu allseitiger Zufriedenheit bewährt.

An dieser Selle sei ferner des Versuches gedacht, dem Handel noch weitere Erleichterungen zu verschaffen durch Beseitigung der Inlandzölle und des Likins in Schantung gegen einen vom Zollamt zu erhebenden Zollzuschlag. Der Plan hatte bereits die Zustimmung der kaiserlichen Regierung gefunden, als die Revolution ausbrach und die Ausführung verhinderte. Die Gelegenheit für diesen Vorschlag bot sich im November 1909, als die Provinzialbehörden versuchten, Likinstationen entlang den Eisenbahnen in Schantung zu errichten, wie es in anderen Provinzen bereits geschehen war. Es galt, neue Einnahmequellen zu schaffen, nachdem die Unterdrückung des Opiumhandels und der Ausfall der Likinabgaben an den beiden grossen Kanälen, welche ihren Handel nach und nach an die Schantungeisenbahn bez. die Peking-Hankau Bahn verloren hatten, ein immer wachsendes Defizit in den Provinzialkassen hervorriefen. Da diese neuen Likinpläne auf starken Widerspruch der Kaufmannschaft stiessen, wurde der Gegenvorschlag gemacht, Likin in der Provinz ganz abzuschaffen und als Ersatz dafür einen von den Seezollämtern zu erhebenden Zollzuschlag in der Höhe des halben Tarifzolls ($2^1/_2$ %) auf Einfuhrgüter bei der Ankunft und auf Ausfuhrgüter bei der Verschiffung zu erheben. Danach sollten alle Waren in der ganzen Provinz, einerlei ob auf der Eisenbahn oder sonstwie transportiert, von jeder Kontrolle und Besteuerung frei bleiben. Den Kaufleuten sollte es frei stehen, diesen Zuschlag zu zahlen, wodurch die Waren innerhalb der Provinz abgabenfreien Umlauf hätten, oder wie bisher Transitpässe zu nehmen, wodurch die Ware auch über die Grenzen der Provinz hinaus abgabenfrei blieb. Die Mehreinnahmen aus dem Zollzuschlag sollten an die Provinzialkasse abgeführt werden, während die Transitgebühren der Zentralregierung verbleiben sollten. 20 % des Einfuhrzollzuschlags sollten in Tsingtau dem Gouvernement und in Tschifu der Stadtverwaltung zustehen, als Ausgleich für die Höherbesteuerung der am Ort verbrauchten Waren. In Tschifu war diese Summe für den Bau des längst gewünschten Wellenbrechers vorgesehen. Für Weihaiwei war ein ähnliches Abkommen beabsichtigt, falls die englische Regierung ihre Zustimmung zu der Errichtung eines Seezollamtes im dortigen Hafen gegeben hätte. Mit dem Inkraftretenen des Mackay-Vertrages sollte diese Neuordnung ohne weiteres wieder aufhören. Die Handelskammern und die beteiligten Behörden hatten dem Plan ihre grundsätzliche Zustimmung erteilt, und nachdem der damalige Gouverneur von Schantung, Exzellenz Sunpaotschi, die kaiserliche Genehmigung dafür erwirkt hatte, sollte zu den diplomatischen Verhandlungen für den endgiltigen Abschluss geschritten werden, als die Revolution ausbrach, und damit die Angelegenheit zum Stillstand kam, hoffentlich nicht für immer.

Die Vorteile einer solchen Regelung liegen auf der Hand. Der Plan würde mit einem Schlage die Misshelligkeiten, die Verzögerungen und Unsicherheiten beseitigen, welche bekanntermassen von Likinerhebung und Kontrolle durch Likinstationen ohne feste Tarife untrennbar sind, und würde nicht nur die zwischen den Häfen und dem Innern beförderten Waren, sondern auch die vielen im Innern von Ort zu Ort versandten Güter von Abgaben und Kontrolle befreien. Die Kaufleute würden gegen geringes Entgelt für ihre Waren die gewaltige Erleichterung völlig freien Handels erlangt haben; der Provinzialregierung wäre die so dringend nötige Revenue gesichert, ohne die bedeutenden Ausgaben für Errichtung und Unterhaltung neuer Stationen und die Besoldung eines umfangreichen Beamtenstabes, während die Hafenplätze ausser dem 20%igen Anteil noch den grossen Vorteil haben würden, die chinesischen Produkte für den Lokalverbrauch aus dem Hinterland likinfrei beziehen zu können. Hand in Hand damit war eine Reform der Dschunkenzollverwaltung sowie der Warentarife und Sondergebühren für die Dschunken vorgesehen, welche gleichfalls bereits die Genehmigung des Gouverneurs und des Finanzministeriums gefunden hatte.

Darüber hinaus würde die Durchführung dieses Planes auch noch der allgemeinen Likinreform, wie sie in dem bislang aufgeschobenen Mackay-Vertrag von 1902 vorgesehen ist, den Boden geebnet und Gelegenheit gegeben haben, ihre Ausführbarkeit praktisch zu erweisen, die Befürchtungen und Zweifel gewisser Kreise an der Möglichkeit der Likinreform zu zerstreuen und ihren Einfluss auf den Handel, ihre wirtschaftlichen und finanziellen Ergebnisse und den Umfang der Bedürfnisse der Provinzen anschaulich darzulegen. Es ist deshalb nur zu hoffen, dass die neue Regierung diesen Reformplan, der so allgemeine Billigung gefunden hat und so gewinnversprechende Aussichten für die ganze Provinz und ihre Bewohner, für ihren Handel und ihre Finanzen eröffnet, wieder aufnimmt.

Handel und Schiffsverkehr. Im Jahre 1902 haben 219 Schiffe von insgesamt 229 715 Tonnen Raumgehalt den Hafen von Tsingtau angelaufen, und das Jahr 1911 schliesst mit 613 Schiffen von 1,069,287 Tonnen. Jahr um Jahr wachsend, gesund und stetig hat sich der Verkehr bis zu dieser Höhe entwickelt. Gleichzeitig stieg die Zahl der ein- und auslaufenden Dschunken nur von 3,062 auf 4,716, obwohl die Statistik für das Jahr 1909 6,126 Dschunken aufweist. Unter normalen Verhältnissen hätte das Jahr 1911 zum mindesten dieselbe Anzahl aufweisen müssen, aber die Durchführung einer strengen Quarantäne gegen die Pest im Frühjahr 1911 und später die erhöhte Unsicherheit durch Seeräuberei in den benachbarten

Kiangsu-Gewässern liess den Dschunkenverkehr stark zurückgehen.

Die natürliche Folge der verbesserten Verschiffungsmöglichkeiten war eine stetig steigende Entwicklung, insbesondere des Ausfuhrhandels. Die Japaner waren 1908 die ersten, die eine direkte regelmässige Dampferverbindung einrichteten, und ihr Handel, vornehmlich in Baumwollwaren und Streichhölzern, steht hier jetzt an erster Stelle. Auch mit Hongkong wurde bald eine regelmässige englische Dampferverbindung hergestellt, hauptsächlich für den Transport von Zucker. 1908 kamen zum ersten Male die Dampfer der englischen P. & O. Linie, 1909 folgten ihnen die französische Messageries Maritimes und andere grosse Linien. Seit 1910 laufen auch die Dampfer des Norddeutschen Lloyd Tsingtau regelmässig zweimal im Monat an, einmal auf dem Wege nach Europa, das andere Mal auf dem Weg von Europa nach Japan. Trotz dieser zahlreichen direkten Dampferverbindungen geht aber immer noch die Hälfte der gesamten Ausfuhr über Schanghai, weil die Frachtraten von diesem Hafen für Konferenzdampfer so viel billiger sind, dass der Nachteil des Umladens und die Extra-Fracht von Tsingtau nach Schanghai dadurch mehr als aufgewogen wird.

Ein Blick auf die Handelstabellen der letzten zehn Jahre zeigt einen nahezu ununterbrochenen Fortschritt. Die Tatsache, dass darin keine übertriebenen Rekordziffern, aber auch keine nennenswerten Rückschläge vorkommen, beweist die Gesundheit und innere Solidität der von ungesunder Spekulation unbeeinflussten Handelsentwicklung. Der Nettowert des Gesamthandels betrug 1902 10,345,000 Hk. Taels. 1903, 1904 und 1905 brachten jedes einen Zuwachs von etwa 4 Millionen Taels. 1906 stieg die Zunahme auf den doppelten Betrag. Im Jahre 1907 zeigt die Tabelle einen Rückgang von 2 Millionen Taels, was sich daraus erklärt, dass von diesem Jahre ab der Wert des Dschunkenhandels (etwa 5 Millionen Taels) in einer eigenen Tabelle gesondert geführt wird. Das Jahr 1908 brachte bereits wieder ein Mehr von 3 Millionen. 1909 waren es 8 Millionen und in den beiden nächsten Jahren, 1910 und 1911, ungefähr je 3 Millionen.

Der Wert der Einfuhr stieg in der Zeit von 1902 bis 1909 von 8 Millionen Taels auf 25½ Millionen. In den nächsten beiden Jahren zeigte er weniger gute Entwicklung und nahm nur um 1½ Millionen zu, was hauptsächlich dem grossen allgemeinen Handelsniedergang dieser Jahre und dem Gummikrach in Schanghai, sowie der Geldknappheit in Schantung zuzuschreiben ist. Letztere ist, wie schon in den Handelsberichten des Zollamts für 1909 und die folgenden Jahre hervorgehoben worden ist, die Folge des starken Abflusses von Silber aus der Provinz durch ungünstige Handelsbilanz. Glücklicherweise wurde dieser Rückgang der Einfuhr mehr als wettgemacht durch das gleichzeitige Anwachsen der Ausfuhr. Ihr Wert stieg in der Zeit von 1902 bis 1907 von 2,2 auf $8^1/_2$ Millionen Taels, und dann weiter auf 12 Millionen im Jahre 1908, 14,7 Millionen im Jahre 1909, 17 Millionen im Jahre 1910 und endlich 19,8 Millionen im Jahre 1911. Das Minus der Handelsbilanz Tsingtaus, das 1909 noch 11 Millionen Taels betragen hatte, wurde dadurch bis auf 7 Millionen im Jahre 1911 hinuntergebracht.

Die eben angeführten Angaben sind ein überzeugendes Beispiel dafür, was eine einzige Eisenbahnlinie in einem wegearmen Lande wie Schantung in wenigen Jahren für die Entwicklung des Handels leisten kann. Produkte, die früher die hohen Kosten des umständlichen Karrentransportes nicht tragen konnten, finden jetzt leichten Absatz und werden in einer von Jahr zu Jahr steigenden Menge in den Handel gebracht. Der Wohlstand in den Gebieten längs der Eisenbahn und darüber hinaus wächst sichtlich. Zuerst so bitter befehdet, wird die Bahn heute als Wohltat anerkannt, und die Bevölkerung wünscht sehnlichst ihren weiteren Ausbau nach anderen Gegenden,

Zolleinnahmen. Die Seezolleinnahmen sind in den zehn Jahren von 1902 bis 1911 von 192,918 auf 1,251,002 Hk. Taels gestiegen. Unter den 46 Vertragshäfen steht Tsingtau den Zolleinnahmen nach an 7. Stelle nach Schanghai, Tientsin, Kanton, Hankau, Swatau und Dairen.

Opium. Was an ausländischem Opium über Tsingtau je eingeführt worden ist, war nie der Rede wert. In dem ganzen Jahrzehnt waren es nicht mehr als 105 Pikul, die fast ganz an Ort und Stelle verbraucht worden sind. Das in der Provinz verbrauchte Opium (etwa 500 Pikuls jährlich) kam hauptsächlich über Tschifu, das immer der Mittelpunkt des Schantunger Opiumhandels gewesen ist.

Auch die Einfuhr von chinesischem Opium setzte in Tsingtau erst nach Unterdrückung des Mohnbaus ein. In Tsingtau selbst wurden nur ganz verschwindende Mengen verbraucht. Sie kamen in den Jahren von 1902 bis 1908 aus den benachbarten Kreisen, namentlich aus Kiautschou. Als Einfuhrartikel erscheint chinesisches Opium zum ersten Male in den Tsingtauer Handelsberichten im Jahre 1909 mit 1204 Pikuls. Schon 1911 aber ging die Einfuhr auf 483 Pikul zurück, 1911 noch weiter auf 218 Pikul. Ende 1911 waren die Vorräte am Ort beinahe völlig verbraucht. Die meisten Händler schlossen ihre Geschäfte. Die übrigen bereiten sich vor, im nächsten Jahre ein gleiches zu tun.

Der Kampf gegen das Opium in Schantung. In den Jahren von 1902 bis 1906 hatte sich der Anbau von Mohn rasch bedeutend ausgedehnt. 1906 wurde die Opiumproduktion Schantungs auf über 5000 Pikul geschätzt, der Verbrauch aber auf über 7000. Von dem Mehr von 2000 Pikul waren etwa 500 aus Indien über Tschifu eingeführt, die übrigen 1500 Pikuls kamen aus den benachbarten Provinzen, namentlich aus Honan. Im September 1906 erschien das kaiserliche Edikt, das die schrittweise Unterdrückung des Mohnbaus, des Opiumhandels und des Opiumrauchens binnen zehn Jahren anordnete. Es trat sofort in Kraft. Der erste Schritt zu seiner Durchführung war die Registrierung der Mohnfelder. Im Juni 1907 wurden Verfügungen erlassen, die das Kochen und den Verkauf von präpariertem Opium nur noch in amtlichen Niederlagen gestatteten und den Verkauf von rohem Opium auf registrierte Händler beschränkten. Im Juli 1907 wurden die Opiumdiwans geschlossen und die Opiumraucher angewiesen, Erlaubnisscheine zu lösen Die Massregeln zeitigten so gute Erfolge, dass der verstorbene Gouverneur Yangschihsiang in einem Bericht an das Finanzministerium schon Anfang 1908 empfehlen konnte, die Unterdrückung jeglichen Mohnanbaus bis spätestens Ende 1910 durchzuführen. Gegen Ende 1908 fingen die Vorräte in der Provinz an, auf die Neige zu gehen und die wohlhabenderen Klassen der Bevölkerung begannen, wie berichtet wurde, grössere Mengen aufzukaufen. Infolgedessen begann die Einfuhr von Opium aus Schanghai in Tsingtau sowohl wie in Tschifu. Sie zeigt für die Jahre 1909 bis 1911 folgende Zahlen:

	1909	1910	1911
		Pikuls	
Tsingtau	1204	483	218
Tschifu	1443	155	622
Gesamtsumme	2647	638	840

Als Jahresdurchschnitt ergibt sich demnach eine Einfuhr von 1375 Pikuls. Gouverneur Sunpaotschi berichtete im Juli 1910, dass der Mohnbau in Schantung gänzlich eingestellt sei, und erbat im Anschluss daran die Genehmigung zum Erlass eines Einfuhrverbotes für chinesisches Opium aus anderen Provinzen. Das Finanzministerium empfahl aber in seiner Antwort, von einem solchen Einfuhrverbot abzusehen und vorerst zu versuchen, das Rauchen zu unterdrücken. Im Juli 1911 wurde dann die Einfuhr von präpariertem Opium verboten.

Das Endergebnis dieser Massregeln ist folgendes: der Anbau von Mohn hat in der Provinz Schantung aufgehört; das Opiumrauchen ist unter den niederen Klassen der Bevölkerung tatsächlich so gut wie ganz verschwunden und hat unter den wohlhabenderen Klassen mehr und mehr abgenommen, was zweifellos zum Teil auf die starke Verteuerung des Giftes zurückzuführen ist. Ausländisches Opium, das 1906 nur 762 Taels das Pikul kostete, ist heute nicht unter 3048 Taels zu haben; chinesisches ist in der gleichen Zeit von 330 auf 1580 Taels pro Pikul gestiegen.

Währung und Finanzen: Bis zum Jahre 1905 hatte Schantung keine eigene Münze. Es behalf sich mit den abgegriffenen Jahrhunderte alten Käschstücken (durchlöcherte Bronzemünzen von einzehntel Pfennig im Wert), die nach und nach durch die neuen 10 Käschkupferstücke aus anderen Provinzen ersetzt wurden. Davon gingen etwa 80 auf den mexikanischen Silberdollar. 1905 wurde eine Provinzialmünze in Tsinanfu eröffnet. Solange sie sich mit ihren Prägungen in einem vernünftigen Verhältnis zum Bedarf hielt, warf sie einen Gewinn von 30% ab. Das dauerte an bis Ende 1906, wo der Kurs des Silberdollars auf 100 Kupfermünzen stand. Seit Mai 1907 aber fiel der Kurs mehr und mehr, verursacht durch Ueberproduktion und gleichzeitiges Eindringen ähnlicher Münzen aus anderen Provinzen, wo sie schon früher im Wert gesunken waren, sodass ihre Einführung nach Schantung ein lohnendes Geschäft wurde. Die Bevölkerung war mit der neuen Münze unzufrieden, weil die alten 1 Käschstücke nach und nach eingeschmolzen wurden, ohne ersetzt zu werden, wodurch das Leben entsprechend verteuert wurde. Unter den in der Provinz kursierenden Kupfermünzen waren schliesslich gegen 60% Schantunger Prägung und 40% aus anderen Provinzen. Im September 1907 standen sie im Kurs auf 115. Ein Versuch der Regierung, die Lage dadurch zu bessern, dass man die Einführung auswärtiger Kupfermünzen untersagte, schlug fehl, und hatte weitere Entwertung zur Folge, sodass der Kurs im Oktober desselben Jahres auf 132 stand, und sich seitdem nicht wieder erholt hat. Zu dieser Scheidemünzen-Kalamität kam noch ein ungewöhnlich starker Silberabfluss in den Jahren 1907 (über $4\frac{1}{2}$ Millionen Taels) und 1908 (über 3 Millionen Taels) zur Balanzierung der grösseren

Einfuhr. Alles das drückte schwer auf den gesamten Handel. Erst das Anwachsen der Ausfuhr im Jahre 1909 brachte dem Markte einige Erholung. 1910 kam dann der Zusammenbruch der Gummispekulanten in Schanghai, der zur Folge hatte, dass den Verschiffern nach Tsingtau der übliche Kredit entzogen wurde und alle Warenvorschüsse aufhörten. Um den Wertschwankungen der Silberscheidemünzen ein Ende zu machen, tat das deutsche Gouvernement in Oktober 1909 einen entscheidenen Schritt, indem es 5- und 10-Zentstücke aus Nickel mit Zwangskurs einführte. In ganz kurzer Zeit wurden dadurch die kleinen Silbermünzen aus Tsingtau und dem Pachtgebiet verdrängt, und ein für alle Mal den Kursschwankungen dieser Scheidemünzen ein Ende gemacht. Dasselbe Mittel kann daher nicht warm genug auch für andere Gebiete Chinas empfohlen werden. Neben dem Kiautschou-Tael ist hier der mexikanische Dollar die gebräuchliche Münze. Für grössere Zahlungen bedient man sich der Dollarnote der Deutsch-Asiatischen Bank, die im Jahre 1909 zur Ausgabe von Noten ermächtigt worden ist. Ende 1909 waren Noten von ihr im Werte von über 600,000 $ im Umlauf. Von fremden Banken haben die Russisch-Asiatische und die Hongkong und Schanghai Bank Zweigstellen in Tsingtau. Von den chinesischen war zunächst die Kien Schun Bank die bedeutendste; sie musste aber Mitte 1911 liquidieren. Ihr gesamtes Geschäft wurde von der Schantung Provinzialbank übernommen. Seit dem 1. Juli 1910 hat auch die Ta Tsching Reichsbank eine Niederlassung in Tsingtau eröffnet und ist neben der Deutsch-Asiatischen und der Schantung Provinzial Bank als Zollbank zugelassen.

B e v ö l k e r u n g: Die Bevölkerung des Pachtgebietes betrug im Jahre 1910 162,949 Seelen. Im selben Jahre zählte man in Tsingtau selbst 34,180 Chinesen, wovon 28,127 Männer, 6053 Frauen und Kinder waren; und 4,084 Ausländer, darunter 2275 Militär und Beamte.

W a s s e r s t r a s s e n, H ä f e n, Z u f a h r t e n: Vor einigen Jahrhunderten dehnte sich die Kiautschoubucht bis zu der Kreisstadt Kiautschou aus, nach der sie noch heute den Namen führt. In jenen Tagen war Kiautschou ein bedeutender Hafen, den man durch einen Kanal in unmittelbare Verbindung mit dem Golf von Petschili gebracht hatte, um das sturmumtobte Schantungvorgebirge und zugleich die so gefürchteten Seeräuber dort zu vermeiden. Aber mit den Jahren verschlammte das westliche Ufer der Bucht immer mehr. Die häufigen wolkenbruchartigen Regengüsse im Sommer spülten Jahr für Jahr ungeheure Mengen lockeren Erdreichs von den umliegenden Bergen herunter. Ausserdem trieb der Südwestmonsun die gewaltigen Lössmassen, die früher „Chinas Kummer“, der Gelbe Fluss, in das Gelbe Meer schwemmte, bis in die Kiautschoubucht hinauf. So liegt heute die Stadt Kiautschou etwa 15 Kilometer landeinwärts. Hochseedschunken müssen fast in der Mitte der Bucht vor Anker gehen und ihre Ladung in kleine Boote umladen, die sie bei Hochwasser nach dem Landungsplatz Taput'ou, dem heutigen Hafen von Kiautschou, bringen. Bis vor etwa 50 Jahren hatte man wenigstens noch die Möglichkeit, auf dem kleinen Takufluss, der in die Bucht mündet, mit kleineren Booten bis nach Kiautschou hinauffahren zu können. Heut aber ist auch dieser Fluss schon völlig versandet, und in wenigen Jahren werden die grösseren Dschunken gezwungen sein, ihre Ladung in Tsingtau zu löschen und mit der Bahn nach Kiautschou befördern zu lassen. Die sonstigen kleinen Wasserläufe, die es ausser dem Takufluss noch gibt, sind sämtlich gleichfalls nicht schiffbar.

Leuchtfeuer und Schiffahrtszeichen: Das erste provisorische Leuchtfeuer wurde auf der Insel Tschalientao errichtet und am 20. Dezember 1898 zuerst gezeigt. Den Leuchtapparat dafür stellte das Seezollamt dem K. G. zur Verfügung. Er wurde im Jahre 1903 durch ein Leuchtfeuer erster Ordnung mit 5 Sekundenblitzen ersetzt. Tschalientao ist die erste Landmarke für nach Tsingtau kommende Schiffe. Das Licht liegt 260 Fuss über dem Meeresspiegel und ist 21 Seemeilen weit sichtbar. Ferner wurden zur Bezeichnung der Einfahrt in die Bucht angebracht ein kleines rotes Licht auf der Insel Taikungtao und ein doppeltes grünes Licht, das zugleich die Aussenrhede bezeichnet, auf der Arkonainsel. Nach dieser von den Chinesen Tsingtau, d. h. grüne Insel, genannten Insel führt die Stadt ihren Namen. Die Einfahrt in die Innenbucht ist durch das Yunuisan-Leuchtfeuer auf der äussersten Westspitze der Tsingtauhalbinsel, 6 kleinere Lichter sowie mehrere Bojen und Baken gekennzeichnet. Die Schiffe sind verpflichtet, einen Lotsen zu nehmen, der auf der Höhe der Arkonainsel von und an Bord geht. Die Leuchtfeuer und Schiffahrtszeichen, der Lotsen- und Hafendienst untersteht dem Kaiserlichen Gouvernement.

Post und Telegrafie: Obwohl der chinesische Reichspostdienst schon durch kaiserliches Dekret vom 20. März 1896 errichtet war, wurde der Anfang damit in der

Provinz Schantung erst gemacht, als der Tsingtauer Zolldirektor auf Wunsch des deutschen Gouvernements in Frühjahr 1899 die ersten Postkuriere zwischen Tsingtau und den wichtigsten Handelsplätzen der Provinz einrichtete. Ende 1900 waren bereits 12 Postämter in Betrieb: Tsingtau und die nordwestlichen Städte Kiautschou, Kaumi, Pingtu, Weihsien, Tsingtschoufu, Tsouping, Tschoutsun und Tsinanfu, nach Süden Tschütschou, und Itschoufu und nach Norden Tsimo. Diese vollwertig ausgestatteten Inlandstationen bildeten den Grundstock des ganzen Schantunger Postwesens. Tsingtau war das Hauptamt und führt die Oberaufsicht. Zu Beginn und auch noch geraume Zeit weiter waren die Einnahmen natürlich gering, die Ausgaben aber ziemlich beträchtlich, da die Kuriere sehr lange Strecken zurückzulegen hatten ohne die kleineren Zwischenagenturen, die später erst dem Postdienst zu finanziellen Erfolgen verhalfen. Der Anfang war schwer. Nicht zu unterschätzende Schwierigkeiten machte die Auswahl und Heranbildung des geeigneten Personals, und es dauerte lange, bis das Vertrauen des briefschreibenden chinesischen Publikums erworben war.

Der erste Schritt zur Ausgestaltung des Postwesens auf grösserer Grundlage war die Eröffnung der Eisenbahnlinie zwischen Tsingtau und Kiautschou im Jahre 1901. Anfänglich wurde mit der deutschen Post eine Vereinbarung getroffen, wonach sie die Beförderung der verschlossenen chinesischen Postbeutel in ihrem Postwagen übernahm. Ein Abkommen mit der Eisenbahngesellschaft im Jahre 1906 ermöglichte, dann die Beförderung der chinesischen Postsachen in eigenen Postwagen unter Kontrolle chinesischer Postbeamten.

Mit dem ursprünglichen Eilbotendienst brauchte die Post bis nach Kiautschou ganze zwei Tage, seit 1901 aber mit der Eisenbahn nur noch einige Stunden. So konnte nunmehr Kiautschou zum Ausgangspunkt für alle weiter ins Innere Schantungs führenden Botenlinien gemacht werden. Solche gingen von dort westwärts nach Weihsien und Tsinanfu, ostwärts nach Pingtu und Laitschoufu, und südwärts nach Tschütschou und Itschoufu.

1902 erreichte die Eisenbahn Weihsien, 1903 Tsingtschoufu und Tschoutsun, 1904 endlich Tsinanfu. Hand in Hand damit ging die weitere Ausbreitung des Postnetzes in Schantung. An allen wichtigeren Plätzen wurden Inlandpostämter eingerichtet, in allen weniger bedeutenden Postagenturen, und in den Dörfern einfache Annahmestellen. Im folgenden einige Zahlen dafür:

	1901	1904	1907	1910	1911
Haupt-, Zweig- u. Landpostämter	12	18	20	21	15
Agenturen		14	27	82	64
Postannahmestellen		6	6	14	9

Ein ebenso günstiges Bild zeigen die Zahlen über die Anzahl der Postsachen, die von diesen Postanstalten befördert worden sind.

	1901	1904	1907	1910	1911
Eingehende Postsachen	14,522	395,966	77,3504	1,546,500	1,365,650
Ausgehende Postsachen	9,458	170,778	314,493	563,400	447,900
Transit Postsachen	2,344	253,426	418,038	901,800	897,600
Pakete a) Anzahl	219	20,827	36,634	89,600	40,428
b) Gewicht (kg)	371,500	56,383,000	65,597,000	315,300,000	135,647,000
Postanweisungen a) ausgestellte	3,149	15,212	61,831	62,721	53,458
b) ausgezahlte	248	3,135	26,623	75,596	59,797

Im Jahre 1901 musste der westliche Teil des Bezirks unter Tsinanfu als Hauptamt selbstständig gemacht werden. Die Entfernung von Tsingtau war zu gross. Von Tsinanfu aus liess sich diese Sektion besser und leichter kontrollieren. Auch der Verkehr mit den Provinzialbehörden liess sich dort an Ort und Stelle bequemer erledigen als von Tsingtau aus. Während des Jahrzehntes 1901 bis 1911 blieb diese Einteilung bestehen. Im Frühjahr 1911 wurden aus den gleichen Gründen noch weitere 36 Postanstalten von Kiautschou nach Tsinanfu überwiesen. Daraus erklärt sich auch der Rückgang in der Zahl der Postanstalten, beförderten Postsachen u. s. w., der sich in der obigen Aufstellung bei diesem Jahre zeigt. Der Bezirk Kiautschou reicht jetzt im Westen nur noch bis Tschanglo, 50 Li westlich von Weihsien. Im Süden gehören alle Anstalten südlich der Linie Antungwei-Ischui unter die Kontrolle Tsinanfus. Im Osten ist die Linie Schaho-Kinkiakou die Grenze zwischen dem Bezirk Kiautschou und dem Unterbezirk Tschifu.

Im Oktober 1910 wurde in Tsinanfu ein besonderer Postdirektor eingesetzt, der die Oberaufsicht über das gesamte Postwesen in Schantung führen sollte. Seitdem ist Kiautschou ein Unterbezirk von Tsinanfu. Im Mai 1911 wurde das chinesische Postwesen von der Zollverwaltung losgelöst unter die eigene Verwaltung des Yutschuanpu gestellt. Damals wurde auch der Unterbezirk Kiautschou von dem Seezollamt Tsingtau getrennt. Es wurde ein eigener Postmeister eingesetzt, der dem Tsinanfuer Hauptamt unmittelbar untersteht.

Ein Zweigamt der chinesischen Telegrafenverwaltung ist hier zugelassen; ausserdem verbindet ein deutsches Kabel Tsingtau mit Schanghai und Tschifu.

Provinzialverwaltung und Landtag: Seit Tsingtau in deutschem Besitz ist, haben die folgenden Gouverneure die Provinz verwaltet: Lipinheng (1894 bis Ende 1897); Tschengjumei (Ende 1897 bis April 1899), Yühsien (April 1899 bis Nov. 1899), Yüanschihkai (Dezember 1899 bis November 1901), Tschangjentschün (Februar bis August 1902), Tschoufu (August 1902 bis November 1904), Hutingkan (November 1904 bis März 1905), Yangshihsiang (März 1905 bis September 1907), Wutingpin (September 1907 bis August 1908), Yuanschuhsün (August 1908 bis Juli 1909), Sunpaotschi (Juli 1909 bis zum 20. Dezember 1911), und Hutschienschu (seit dem 21. Dezember 1911.)

Am 14. Oktober 1909 eröffnete S. E. der Gouverneur Sunpaotschi mit einer sehr bedeutsamen Rede den ersten Provinziallandtag, der sich seiner Hauptaufgabe, Untersuchung der Einnahmen und Ausgaben jedes einzelnen Bezirks und der Provinz im ganzen mit gründlicher Sorgfalt gewidmet hat.

Justiz-, Polizei- und Gefängniswesen: Im Frühjahr 1910 hat der Gouverneur Sunpaotschi nach modernen Gesichtspunkten eine Reform des Gerichtswesens angebahnt. Er führte das neue Reichsgesetzbuch ein und baute in Tsinanfu ein modernes Gefängnis. Für die Rechtsprechung nach dem neuen Reichsgesetzbuch wurden die folgenden Richter bestellt: 1.) der Provinzialoberrichter (oberster Gerichtshof in Tsinanfu für alle Provinzialberufungssachen), 2.) der Tsinanfuer Bezirksrichter (oberster Gerichtshof für den Tsinanfuer Bezirk), 3.) der Tsinanfuer Handelsrichter (Tsinanfuer Handelsgerichtshof), 4) der Tsinanfuer Stadtrichter (Tsinanfuer Stadtgericht), 5.) der Ortsrichter von Yentai (Gerichtshof für den Hafenplatz Tschifu), 6.) der Bezirksrichter von Yentai (Tschifuer Bezirksgerichtshof). In den übrigen 116 Präfekturen und Bezirken musste die Rechtsprechung nach dem neuen Gesetzbuch wie vorher den Bezirksbeamten überlassen bleiben. Es fehlte an geeigneten Richtern wie an Geld, um das System, das Ende 1911 schon ganz leidlich funktionierte, weiter auszugestalten.

In Tsinanfu und an der Eisenbahn entlang, ebenso in den Bergbaugebieten wurde ferner nach europäischem Muster eine besondere Polizeitruppe eingerichtet, die sich gleichfalls aufs beste bewährt hat.

Ackerbau: Hirse, Weizen, Kauliang und süsse Kartoffeln sind die hauptsächlichsten Nahrungsmittel, die in Schantung angebaut werden. Der angebaute Weizen reicht aber nicht aus, um den Bedarf der Provinz an Mehl zu decken. Im Jahre 1911 mussten noch über 44,000 Pikul Mehl aus den Mühlen von Schanghai eingeführt werden. Reis wird in geringer Menge, aber von ganz besonderer Güte, in der Umgegend von Tsinanfu gezogen. Süsse Kartoffeln werden in sehr grossen Mengen angebaut. Man benutzt sie zur Herstellung von billigen Nudeln, während für die besseren Sorten grüne Bohnen verwandt werden. Die Nudelfabrikation steckt noch in den Kinderschuhen. Die Ausfuhr über Tsingtau beträgt etwa 16,000 Pikul im Jahr, während Tschifu jährlich für etwa 200,000 Taels ausführt. Unter den vegetabilischen Nahrungsmitteln, die von der Bevölkerung verbraucht werden steht Hirse mit 40% an der Spitze. Weizen und Kauliang sind mit je 20%, süsse Kartoffeln mit 10% und sonstige Arten mit zusammen 10% beteiligt. Der Hauptausfuhrartikel unter den Gemüsen ist der bekannte Schantungkohl. Er wird im August gepflanzt und im November — Dezember geerntet; in Gruben geschichtet und mit Erde zugedeckt hält sich der Kohl den ganzen Winter hindurch frisch. Für eine gute Ernte ist etwas Regen während des ersten Wachstums und kurz vor dem Schnitt unerlässlich, aber schwerer Regen im September ist der Pflanze schädlich und hat gewöhnlich einen starken Ernteausfall zur Folge, sodass die Ausfuhrziffern zwischen 200,000 und 80,000 Pikul schwanken. Den Transport nach den südlichen Häfen vermitteln sowohl Dschunken wie Dampfer.

Erdnüsse, die besonders für die Oelgewinnung angebaut werden, sind heute der Hauptausfuhrartikel Tsingtaus geworden. Die Ausfuhr geht hauptsächlich nach Marseille und ist in dem kurzen Zeitraum von 1908 bis 1911 von 95,000 auf 797,000 Pikul im Jahre gestiegen Es soll zwei Arten von Erdnüssen geben; bei der einen entwickelt sich die Frucht aus einem sich aus der Blüte in den Boden senkenden Ausläufer, wonach die Pflanze ihren chinesischen Namen führt Hua-schëng, („aus der Blüte geboren"). Die andere Art soll die Frucht wie eine Kartoffel treiben und ist anscheinend ziemlich selten. Die Ertragsfähigkeit der Erdnuss ist angeblich seit einigen Jahren zurückgegangen. Früher trug ein Mu Land 1200 Kätti. 1902 wurde schon ein Ertrag von nur 800 Kätti als eine normale Ernte angesehen. In manchen Gegenden erntete man sogar nur 500 Kätti vom Mu. Die Ursache ist, wie man festgestellt hat, eine Krankheit. Die Blätter der Ausläufer werden vorzeitig welk, sodass den jungen Schösslingen der für ihre gesunde Entwicklung nötige Schatten fehlt. Die Folge ist, dass sich wohl eine dicke Hülse, aber nur ein kleiner Kern entwickelt. Man hat deshalb Versuche gemacht, die viel grössere amerikanische Nuss in Schantung einzuführen. Als Nahrungsmittel hat sie sich bewährt, doch ist sie weniger ölhaltig als die einheimische Frucht, welche den Ruf geniesst, die beste Erdnuss Chinas zu sein und den grössten Oelgehalt zu besitzen. Die Gesamternte Schantungs wird auf 4 Millionen Pikul geschätzt.

Baumwolle: Der Anbau von Baumwolle hat in den letzten Jahren in Schantung grosse Fortschritte gemacht. Seitens der Regierung ist er besonders unterstützt und ermutigt worden, und man ist zu der Hoffnung berechtigt, dass die Baumwolle noch einmal ein Hauptausfuhrartikel der Provinz wird. Im Jahre 1908 wurde zunächst ein Versuch mit dem Anbau amerikanischer Saat gemacht, die der Gouverneur aus den Vereinigten Staaten bezogen hatte; er schlug aber fehl. Weitere Versuche mit Schanghaier Saat zeitigten bessere Ergebnisse; die im Tschungteh-Bezirk waren sogar besser als die am Yangtse. Die Gesamtbaumwollerzeugung Schantungs hat sich nicht ermitteln lassen. Ein grosser Teil der Ernte wird an Ort und Stelle verarbeitet, viel geht nordwärts nach Tientsin, während über Tsingtau bisher nur ein geringer Teil zur Verschiffung gelangt. Die Tatsache, dass in früheren Jahren zwischen 30,000 und 50,000 Pikul Rohbaumwolle von Schanghai nach Schantung eingeführt wurden, 1910 aber schon 15,000 und 1911 über 40,000 Pikul ausgeführt worden sind, eröffnet die besten Aussichten für die Zukunft dieses wichtigen Artikels.

Gerste: Im Jahre 1904 wurden die Chinesen durch die Strohbortenexporteure bewogen, um des Strohes willen mehr Gerste anzubauen. Gerstenstroh hat einen höheren Glanz als Weizenstroh, und damals wurden glänzende Strohborten besonders verlangt. Inzwischen hat sich die Mode geändert, und da sich Gerstenstroh nicht so leicht verarbeiten lässt wie Weizenstroh, hat der Anbau wieder abgenommen.

Obst: Unter dem Obst gebührt der erste Platz der Chinabirne. Sie gedeiht besonders in Ostschantung. Der Laiyanger Bezirk bringt die besten auf den Markt. Sie werden in ganz China ihrer durststillenden Süsse wegen geschätzt und haben auch den Vorzug, sich fast ein Jahr lang zu halten. Die Ausfuhr über Tsingtau erreicht zuweilen sehr hohe Zahlen. Im Jahre 1902 z. B. waren es 144,621 Pikul und 1909 ungefähr ebensoviel. Der Anbau erfordert beträchtliche Arbeit, da viele Blüten kleine Maden enthalten, die mit der Hand entfernt werden müssen, sobald die Blütenblätter abgefallen sind. In Schantung gedeihen auch Pfirsiche und Aprikosen von hervorragender Güte, ebenso Trauben, Aepfel u. s. w. und werden mit der Bahn nach Tsingtau eingeführt. Als Ausfuhrartikel kommen jedoch nur noch Walnüsse in Betracht, von denen etwa 20,000 Pikul nach Europa verschifft werden.

Bergwerke und Mineralien: Kohle und Eisen sind in Schantung im Ueberflusse vorhanden. Die Hauptkohlenfelder liegen bei Fangtse, Hungschan, Poschan, Tawenkou, Itschou und Yihsien. Die ersten drei gehören zum Gebiet der Konzession der Schantung-Eisenbahn. Sie werden von der 1899 in Berlin mit einem Kapital von 12 Millionen Mark gegründeten Schantung-Bergbau-Gesellschaft ausgebeutet. Die Gruben von Fangtse wurden 1901 eröffnet. Der erste Kohlenzug von dort nach Tsingtau ging im Oktober 1902 ab. In Hungschan begann die Förderung 1904. In Fangtse werden jetzt täglich durchschnittlich 900 Tonnen gefördert, in Hungschan 950. Die Hungschankohle ist die bessere; sie eignet sich zur Schiffskohle wie zum Hausbrand gleich vortrefflich. Die Flöze liegen sehr günstig, und die Förderung stellt sich um 30% billiger als in Fangtse. Beide Gruben haben Anlagen zum Waschen der Kohlen und zur Herstellung von Briketts. Die Fangtsekohle wird fast ganz in der Provinz abgesetzt; nach Tsingtau kommt davon nur ein geringer Bruchteil. Die Kriegsschiffe und die Handelsdampfer gebrauchen hauptsächlich Hungschankohle. Die Schantunger Eisenbahn verwendet nur solche. In den beiden Gruben werden über 8000 Chinesen beschäftigt. In der Nähe der Gruben von Hungschan befindet sich ein umfangreiches und ergiebiges Eisenerzlager, das die Gesellschaft in nächster Zukunft abzubauen gedenkt.

Im Poschangebiet, das ebenfalls an die Schantung-Eisenbahn angeschlossen ist, sind seit langer Zeit eine Anzahl kleiner chinesischer Gesellschaften tätig. Um Reibereien zu vermeiden, hat sich die Schantung-Bergbau-Gesellschaft von dort zurückgezogen. Die Poschankohle ist ausgezeichnet. Die Jahresförderung wird auf ungefähr 200,000 Tonnen geschätzt. Davon werden etwa 20,000 Tonnen verkokst. Absatz findet sie hauptsächlich in Tsinanfu und Umgegend. Die Arbeitsmethoden in Poschan sind noch völlig primitive. An Maschinen finden sich eigentlich nur Pumpen, die von einer Tsinanfuer Gesellschaft leihweise an alle vergeben werden, die sie brauchen.

Das Tawenkouer Kohlenfeld südlich von Taianfu liegt etwa 4 Kilometer von der Tientsin-Pukou-Bahn ab und hat eine Ausdehnung von über 8 Kilometern. Die Gruben sind erst vor kurzem eröffnet worden und werden nach halb europäischen Methoden betrieben. Die Tagesförderung erreicht noch nicht 200 Tonnen Die Güte der Kohle steht nicht sehr hoch.

Das Itschoufuer Kohlenfeld, etwas über 15 Kilometer von Itschoufu gelegen, ist das ausgedehnteste der ganzen Provinz; es umfasst 6 500 Quadratkilometer. Die Abbauberechtigung ist Eigentum des Präfekten von Itschoufu. Während der letzten Jahre ist an 5 Stellen mit dem Abbau begonnen worden, aber nur nach den altchinesischen primitiven Methoden. Gegen 50 Schächte sind niedergetrieben bis zu einer Tiefe von etwas mehr als 35 Metern und in einer Weite von 1,5 Metern. Von Tieren getriebene Förderwerke werden zum Heraufschaffen der Kohle benutzt, die sich für Kochzwecke ganz gut eignet. Die jährliche Förderung wird auf über 30,000 Tonnen geschätzt.

Das Yihsiener Kohlenfeld gilt für das weitaus beste in ganz Schantung, was Schichtung und Mächtigkeit der Flöze und Güte der Kohle betrifft. Neben Kohle findet sich dort überdies auch vortreffliches Eisenerz, das aber noch nicht abgebaut wird. Das oberste Flöz hat eine Mächtigkeit von 2,5 bis 10 m das nächste von 0,8 bis 1,12 m. Man nimmt an, dass sich die Lager auch noch 10 Kilometer nach Westen über die Senke hinaus erstrecken. Sie nähern sich dort der Tientsin-Pukou-Bahn, die deshalb eine Zweigbahn nach Tsaotschuang bauen will und sich bereits die Lieferung von 60,000 Tonnen Kohlen im Jahre kontraktlich gesichert hat. Ebensoviel Kohle wird alljährlich verkokst. Das Yihsiener Kohlenfeld gehört der Tschunghsing-Bergbaugesellschaft, die schon 1880 gegründet ist. Im Jahre 1898 wurde sie in eine deutsch-chinesische Gesellschaft umgewandelt und erhielt die Erlaubnis zum Betrieb des Bergbaus mit Maschinen auf einem Gebiet von 100 Li im Umkreis, sowie zum Bau einer Eisenbahn von der Grube bis zum grossen Kanal. 1908 aber wurden die beiden deutschen Aktieninhaber ausgezahlt, und die Gesellschaft wurde wieder ein rein chinesisches Unternehmen. Bisher hatte sie mit einem Kapital von 800,000 Taels gearbeitet. Das Kapital der neuen G. m. b. H. wurde auf 2,2 Millionen Taels erhöht, woran sich die Provinzialregierung mit 100,000 Taels beteiligte.

Seit Jahrhunderten ist in Schantung an verschiedenen Plätzen auch Gold gewonnen worden. Noch heute wird bei Itschoufu Gold gewaschen, aber ohne grossen Erfolg. Der letzte Versuch der Goldgewinnung auf bergmännischem Wege ist von einer deutschen Bergbaugesellschaft auf Grund einer Regierungskonzession gemacht worden (in der Nähe von Tschifu), wurde aber 1907 endgiltig aufgegeben. Die Maschinen usw. wurden von der Provinzialregierung übernommen.

Gewerbe und Industrie: Die Poschan-Glashütten. Seit Jahrhunderten schon bestehen in der Nachbarschaft von Poschan kleine Glashütten Quarzsand, Kalkstein und Kohle liefern die umliegenden Berge zur Genüge. Die Poschan-Glaswaren sind in ganz China berühmt, besonders die kleinen Schnupftabakfläschen, die mit grosser Kunstfertigkeit auf der Innenseite bemalt werden; ferner Laternen und Wandschirme, die aus buntem gesponnenen Glase hergestellt werden, und tausend andere kleine Artikel, Pfeifenmundstücke, Kinderspielzeuge, Kugeln, Glasperlen, Armringe u. a. m. Das Pikul derartiger Sachen kostet gewöhnlich noch nicht 40 Taels. Ueber Tsingtau werden jährlich ungefähr 7,000 Pikul ausgeführt. Das ganze ist reine Hausindustrie. Die benutzten Glasöfen fassen kaum 60 Kättie Glasmasse. 1907 wurde von einer chinesischen Gesellschaft eine maschinelle Anlage ins Leben gerufen. Nominell arbeitete sie mit einem Kapital von einer Million Taels, woran die Regierung mit 100,000 Taels beteiligt war. Eingezahlt wurde nur die Hälfte des Kapitals; es ging für die Gebäude- und Maschinenanschaffungen drauf. Die Fabrik arbeitete bei der Eröffnung mit 7 deutschen Vorarbeitern. Davon ist aber heute kein einziger mehr da. Die Anlagen wären imstande gewesen, jährlich 50.000 Kisten (zu je 10 qm) Fensterglas herzustellen. Das ganze Ergebnis im Jahre 1909 war aber noch nicht 5,000 Kisten. Inzwischen ist die Herstellung von Fensterglas überhaupt eingestellt worden. Jetzt werden nur noch Wassergläser und Sodawasserflaschen gemacht. Um sich neues Kapital zu verschaffen, erhielt die Gesellschaft im Jahre 1910 die Erlaubnis zur Veranstaltung einer Lotterie. Ihre finanzielle Lage hat sich aber trotzdem nicht gebessert. Gegenwärtig bringt das Unternehmen kaum noch seine Unkosten ein.

Töpfereien: In der Gegend von Poschan gibt es auch zahlreiche Töpfereien. Der dort vorkommende verwitterte Schiefer ergibt einen ausgezeichneten Ton. Die jährliche Produktion von Töpferwaren in dieser Gegend wird auf

160,000 Pikul geschätzt. Vor einigen Jahren wurde unter der Aegide der Regierung eine Fabrik für glasiertes Tongeschirr ins Leben gerufen. Sie stellt Vasen in allen Grössen und Formen, Krüge, Blumentöpfe u. s. w. in zwei Farben her, einem blauen Grau und einer Teefarbe, die in Form und Glasur nichts zu wünschen übrig lassen und vollkommen wie Porzellan aussehen. Im Tsingtauer Zollmuseum sind einige Musterstücke zu sehen, die Geschenke der Provinzialregierung sind. Das Museum enthält überhaupt eine ganz beträchtliche Sammlung von Schantunger gewerblichen Erzeugnissen und Produkten aller Art.

Papierfabrikation: In Tsinanfu besteht eine Papierfabrik, die einer chinesischen Gesellschaft gehört. Das Gesellschaftskapital beträgt nominell 1,260,000 Taels. Davon hat die Provinzialregierung 30,000 Taels zugeschossen, und Gebäude im Werte von 70,000 Taels zur Verfügung gestellt. Vom Rest sind aber nur 60,000 Taels wirklich eingezahlt. Die Gesellschaft hat ein Monopol für ganz Schantung. An Fremde dürfen Aktien nicht abgegeben werden. Die Fabrik ist 1909 eröffnet worden. Eine deutsche Firma hat die Maschinen geliefert, die auch ein deutscher Ingenieur montiert hat. Verarbeitet wurden zu $^2/_3$ Lumpen und ungefähr zu $^1/_3$ eingeführter fremder Papierbrei. Das Erzeugnis soll ganz gut sein. Aber die Produktion erreicht mit weniger als 300 Pikul täglich nicht den dritten Teil der möglichen Leistung. So bringt auch diese Fabrik kaum die Unkosten ein.

Tsingtauer Industrie. a.) Die Tsangkouer Seidenspinnerei. Im Jahre 1901 war in Berlin die Deutsch-chinesische Seidenindustrie-Gesellschaft gegründet worden. In den Jahren 1902 bis 1903 errichtete sie in Tsangkou eine Seidenspinnerei mit Dampfbetrieb zum Spinnen von wilder grosse Seide nach einer neuen Methode, mit der man einen feineren, stärkeren und auch leichter färbbaren Faden zu erhalten hoffte, als er bis dahin hergestellt worden war. Zu den ersten Versuchen wurden Kokons aus der benachbarten Tschutschenggegend verwandt. Infolge der ungenügenden Stärke des Gespinstes schlugen sie vollkommen fehl. Dann versuchte man es mit Kokons aus der Mandschurei, die befriedigendere Ergebnisse brachten. Nachdem gewisse Zollerleichterungen für die Einfuhr erlangt worden waren, wurden in der Folge nur noch diese verarbeitet. Eine sehr schwierige Arbeit war die Ausbildung der Arbeiter, die mehrere Jahre in Anspruch nahm. Es wurden dazu Männer, Frauen und Kinder aus der Bauern- und Fischerbevölkerung ausgewählt. In der ersten Zeit wurde natürlich mehr Abfall als Seide gesponnen. So arbeitete die Gesellschaft zunächst einige Jahre mit Verlust. Ende 1907 war endlich ein Stab von 1200 Arbeitern herangebildet. Die Gesellschaft war nun in der Lage, einen Faden von vorzüglicher Feinheit zu liefern, die Qualität, die von Anfang an erstrebt worden war. Damit vermochten Weber und Färber einen neue Art Tussoseide auf den Markt zu bringen, von einer Farbenzartheit und einer Glätte des Gewebes, wie sie bis dahin noch nie erreicht worden war Die Produktionskosten stellten sich bei dieser Seide zwar um 25% höher, aber sie erzielte auch in Europa um einige 40% höhere Preise als die beste gespulte Tschifurohseide. (Interessant ist, dass diese neue Methode jetzt auch in Japan bekannt ist; vergl. den Handelsbericht von Dalny von 1909, wo auch die Produktionskosten der beiden Methoden einander gegenübergestellt sind.) Misshelligkeiten und Missverständnisse zwischen der Berliner Direktion und der Tsingtauer Verwaltung führten aber leider 1909, gerade in dem Augenblick, wo voller Erfolg in Aussicht stand, zur Arbeitseinstellung der Gesellschaft. Im Jahre 1910 bildeten 6 chinesische Kaufleute aus Tsingtau und Tschifu eine G. m. b. H. in der Absicht, die Fabrik zu übernehmen und unter der Leitung des früheren Direktors wieder in Betrieb zu setzen. Da brach aber im Januar 1911 die Lungenpest aus, und die Befürchtung, dass man mit der gefährlichen Seuche vielleicht jahrelang zu kämpfen haben würde, veranlasste die Gesellschaft, ihren Plan aufzugeben und sich aufzulösen. Doch als die Seuche ebenso schnell verschwand, wie sie gekommen war, hat sich jetzt eine neue chinesische Gesellschaft gebildet, sodass die Wiedereröffnung der Seidenspinnerei demnächst erwartet werden darf.

b.) Albuminfabrikation. 1909 wurde die Columbia G. m. b. H. gegründet, die im Jahre 1911 schon über 4,000 Pikul ihrer Produkte in Pulverform ausführte. 1911 wurde von der Firma Karl Ebers eine neue Fabrik eröffnet, die Ablumin und Eigelb, beides flüssig und in Pulverform, herstellt. Ihre Jahresproduktion belief sich 1911 auf über 2,400 Pikul. Als Spezialität stellt diese Fabrik das unter dem Namen „Sinaqua“ gehende trockene Präparat her.

c.) Brauereien. Die Germania-Bierbrauerei, die 1904 eröffnet wurde, versorgt Tsingtau und die meisten nördlichen Häfen; nach denselben wurden 1911 32,000 Gallonen ausgeführt. Die Brauerei ist in Hongkong als Anglo-German Brewery Com. Lim. eingetragen. — Die Brauerei Gomoll braut Berliner Weissbier: ihre Ausfuhr ist unbedeutend.

d.) Sodawasserfabrik. Die Iltisbrunnen-(Sodawasser) Gesellschaft stellt kohlensaure Wasser aller Art her. 1911 führte sie gegen 18,000 Dutzend Viertelliterflaschen aus. Der Iltisbrunnen ist eine Quelle, die an den bewaldeten Hängen der Iltisberge zu Tage tritt.

1911 ist auch eine Tonnenfabrik eröffnet worden, die eiserne Fässer für die Ausfuhr von Bohnen und Erdnussöl herstellt.

Eisenbahnen und Strassen: Im Jahre 1899 wurde der Bau der ersten Eisenbahn in Schantung begonnen. Sie ist von der Schantung-Eisenbahn-Gesellschaft gebaut, die 1898 gegründet war, um die Eisenbahnkonzession zu übernehmen, die Deutschland durch den Vertrag von 1898 zugestanden war. Das Kapital dieser deutsch-chinesischen Gesellschaft beträgt 54 Millionen Mark in 54,000 voll eingezahlten Aktien. Die Gesellschaft ist in Berlin eingetragen und hat auch dort ihr Hauptbüro. Die Bahn ist 395 Kilometer lang. auf der ganzen Strecke eingleisig und hat die Normalspurweite von 1,435 m. Es ist aber genügend Raum vorhanden, um die Strecke zweigleisig auszubauen. Die Schienen haben ein Gewicht von 30 kg auf den Meter; die Schwellen sind aus Eisen und wiegen ebenfalls je 30 kg; das erlaubt eine Höchstgeschwindigkeit von 60 km in der Stunde. Die Linie wurde 1904 vollendet. Das rollende Material umfasst gegenwärtig 35 Lokomotiven, 113 Personenwagen und 826 Güterwagen. Es soll aber vermehrt werden, um dem wachsenden Verkehr Rechnung zu tragen. Tsingtau hat 2 Bahnhöfe: einen Hauptbahnhof am Ende der Strecke in der Europäerstadt und einen zweiten in der Nähe der Chinesenstadt am Hafen, von wo Anschlussgleise direkt zu den Dampferanlegestellen und zur Werft führen. Die Bahn umfährt zunächst die Kiautschoubucht, berührt die Kreisstädte Kiautschou und Kaumi und läuft von da in einer ziemlich geraden Linie über Fangtse, mit seinen Kohlengruben, nach der bedeutenden Stadt Weihsien. Von Weihsien geht die Bahn westwärts über Tschingtschoufu nach Tsinanfu. In Tschengtien, ungefähr halbwegs zwischen Weihsien und Tsinanfu, zweigt eine südlich führende, ungefähr 39 km lange Nebenlinie ab, die die Verbindung mit den Kohlenfeldern von Poschan und Hungschan herstellt. Tsinanfu hat zwei Bahnhöfe, einen im Osten und einen im Westen der Stadt. Der letztere ist der Hauptbahnhof und hat Anschluss an die Tientsin-Pukou-Bahn und damit nach Peking und an die Sibirische Eisenbahn. Es verkehrt täglich je ein Durchgangszug von Tsingtau nach Tsinanfu und umgekehrt. Er hält nur an den grösseren Stationen. Beide Züge fahren früh morgens ab und kommen abends an. 1911 wurden insgesamt 908,900 Passagiere und 705,083 Tonnen Fracht befördert. Finanziell steht die Bahn gut. Die Einnahmen und Ausgaben, für den Kilometer berechnet, waren:

		1906	1907	1908	1909	1910	1911
Einnahmen	$	4970	5460	5990	7818	8548	8082
Ausgaben	„	2089	2333	2476	5734	2290	2533
gezahlte Dividende	„	4½%	4¾%	4¾%	6%	6½%	6½%

Die Gesamteinnahmen betrugen 1905: $ 1,912,295. 1906: $ 2,168,997. 1907: $ 2,259,185. 1908: $ 2,614,078 1909: $ 3,411,793. 1910: $ 3,730,242. Auf den Personenverkehr entfallen davon 30%, auf den Frachtverkehr, bei dem die Hälfte der Kohlentransport ausmacht, 70%. Das Anwachsen der Einnahmen ist ganz allein dem Güterverkehr zu danken. Die Frachteinnahmen stiegen in der Zeit von 1905 bis 1910 von $ 1,299,396 auf 2,968,306. Auf den Handel Tsingtaus ist die Bahn von allergrösstem Einfluss gewesen. Schon ist ein grosser Teil der früheren Stapelgüter Tschifus hierher abgelenkt, von den Einfuhrgütern z. B. Baumwollstückgüter, Baumwollgarn, Petroleum, von den Ausfuhrgütern Strohborten, Seide und Pongees. Der Einfluss der Bahn auf die allgemeine Lage der Provinz beschränkt sich vorläufig auf die Gegenden, die unmittelbar an der Bahn liegen, da gute Wege von den Stationen weiter ins Innere fehlen und Wasserwege überhaupt nicht vorhanden sind.

Sonst ist in Schantung an Eisenbahnlinien nur noch die Tientsin-Pukou-Bahn vorhanden, deren Bau 1908 begonnen und 1912 beendet wurde. Sie führt von Tientsin im Norden nach Pukou am Yangtse, durchquert also die Provinz von Norden nach Süden. In Tsinanfu findet sie Anschluss an die Schantung-Eisenbahn. Die ganze Strecke ist 604 km lang und wurde in zwei Abschnitten gebaut; der nördliche Abschnitt von Tientsin bis nach Lintscheng in der Nähe der Südgrenze der Provinz Schantung wurde von einer deutschen Gesellschaft gebaut, der südliche von Lintscheng bis nach Pukou von einer englischen. Die Spurweite ist dieselbe wie die der Schantung-Eisenbahn und der Nordbahnen, 1,435 m. Die grössten Schwierigkeiten beim Bau dieser Linie hat die Brücke über den tückischen Hoangho bei Lokou gemacht. Der Fluss hat an dieser Stelle im Winter bei Niedrigwasser eine Breite von 400 m, während der Sommerfluten bei Hochwasser aber eine Breite von über 2,200 m. Der Unterschied zwischen Hoch- und Niedrigwasser beträgt 5 m und der Strom hat bei Hochflut eine Geschwindigkeit von 4—5 m in der Sekunde oder über 14 km in der Stunde. Das Flussbett besteht hauptsächlich aus Löss mit vereinzelten Lehmschichten. Die Brücke hat 12 Bögen; die Flut- oder Seitenbögen haben eine Spannung von 91,5 m und von drei Mittel- oder Strombögen hat der mittelste eine Spannung von 164,7 m, jeder der beiden äusseren eine solche von 128,1 m. Die Grundpfeiler des mittelsten Bogens sind auf Senkkästen errichtet, die bis zu einer Tiefe von 25 m in das Flussbett hinabgetrieben worden sind. Die Eisenbahnschienen liegen 13,5 m über dem Niedrigwasserspiegel. Die Brücke ist im Herbst 1912 fertiggestellt und Ende des Jahres in Benutzung genommen worden. Mit Nachtzügen wird es möglich, von Tsingtau aus Tientsin in 24 und Pukou in 36 Stunden zu erreichen.

Geplante Eisenbahnen: Seit einigen Jahren schon ist eine Eisenbahn von Tschifu nach Weihsien und eine andere von Kaumi über Itschoufu nach Yihsien geplant. Für die erstere bemühen sich namentlich die Tschifuer Kaufleute; aus Mangel an Kapital ist man aber damit bis jetzt noch nicht vorwärts gekommen. Die andere Linie war ein Teil der Konzessionen, die Deutschland 1898 erhalten hatte. Sie ist später an China zurückgegeben worden mit der Bedingung, dass der Bau der Linie bis Ende 1915 beendigt sein müsste. Infolge der Revolution und des Sturzes der Dynastie ist bislang nichts geschehen, die Bedingung zu erfüllen.

Unterrichtswesen: In den zehn Jahren von 1901 bis 1911 ist das Unterrichtswesen mit bestem Erfolge nach modernen Grundsätzen ausgebaut worden. Im Jahre 1898 ordnete ein Edikt des Kaisers Kuanghsü die Abschaffung der Prüfungsaufsätze über die Klassiker nach dem alten System an und führte statt dessen Prüfungen in der chinesischen Literatur und den westlichen Wissenschaften ein. Das war der erste nationale Anstoss zu einer Modernisierung des chinesischen Unterrichtswesens. Zwar kamen damals diese Verordnungen noch nicht zur Durchführung, sie waren aber doch der Funke, der die grosse Flamme entfachte. Im ganzen Reiche äusserte sich die öffentliche Meinung so entschieden zugunsten der Reform, dass die Kaiserin-Witwe durch Kaiserliche Verordnung im Jahre 1901 schliesslich die Aenderungen bestätigen musste, die sie früher bekämpft hatte. Sie befahl nun, dass die nötigen Vorbereitungen zu ihrer Verwirklichung getroffen würden, und 4 Jahre später, 1905, wurden weitere Verordnungen erlassen, in denen die Abschaffung des alten Prüfungssystems und die Einrichtung von Schulen verschiedener Stufen nach modernen Grundsätzen für das ganze Reich anbefohlen wurden. In Schantung hatte der Gouverneur Yüanschikai, diesen Verordnungen vorausgreifend, schon 1901 die erste Hochschule in Tsinanfu gegründet. Auch Gouverneur Tschoufu (1902 bis 1904) hatte die ersten Schritte getan, um für die ganze Provinz das gesamte Schulwesen einheitlich zu organisieren, und dabei modernen Ideen Rechnung getragen. Für die Ausbildung von Lehrern wurden Seminare gegründet, und wo immer Lehrkräfte vorhanden waren, fremde wie chinesische, wurden Schulen eröffnet. In den bedeutenderen Kreisstädten wurden auch Industrie- und Handwerkerschulen errichtet, in denen neben dem Unterricht in Lesen, Schreiben und Rechnen allerlei Handwerke gelehrt wurden. Auch Arbeitshäuser wurden eingerichtet, wo Bettler und jugendliche Verbrecher Arbeit und Unterweisung finden. Nicht weniger als 40 solcher Schulen wurden während der Amtsdauer des Gouverneurs Tschoufu errichtet. Seine Nachfolger haben dieses rühmliche Werk weiter fortgesetzt, in erster Linie Yangschihsiang und Sunpaotschi. Der Erfolg war, dass die Provinz Schantung schon 1911 3822 moderne Schulen hatte, darunter gegen 150 Mittel-, Normal- und Hochschulen, mit 4613 Lehrern und annähernd 60,000 Schülern; ferner 42 Industrieschulen, 33 Handwerkerschulen und 14 Flechtschulen (für Strohborten). Alle sind gut besucht und erfolgreich. Darunter sind Medizinschulen, Ackerbauschulen, Schulen für Forstwirtschaft, Seidenzucht und Seidenweberei und sonstige technische Schulen, aber keine für Bergbau und Eisenbahnwesen. Im Jahre 1906 versuchte der Gouverneur Yangschihsiang zwei technische Schulen in Kaumi und Kiautschou zu errichten in den Barracken, die Deutschland nach der Vollendung der Eisenbahn der Provinz für Schulzwecke überlassen hatte. Es gelang ihm aber nicht, die nötige Unterstützung und die geeigneten deutschen Lehrkräfte zu finden. In den Gebäuden sind heute Normalschulen untergebracht. In Anbetracht, dass die Entwicklung sehr durch den Mangel an fremden Lehrkräften beeinträchtigt wurde und später unter der chronischen Ebbe der Provinzialkassen zu leiden hatte, sind diese Erfolge der ersten Jahre sehr achtenswert und eröffnen die besten Hoffnungen für die

Zukunft. Es ist zweifellos, dass man mit dem alten System endgültig gebrochen hat. Alle Schichten der Bevölkerung sind von dem Hunger nach europäischem Wissen gepackt und der neue Geist ist so stark, dass wir schon in der nächsten Generation mit einem durchaus neuen China zu rechnen haben werden.

Die christlichen Missionen in Schantung, Katholiken wie Protestanten, Amerikaner, Deutsche, Engländer und andere haben alle in gleicher Weise mächtig mit geholfen, diesen neuen Geist zu wecken und zu festigen. Ihre Seminare und Schulen sind Muster ihrer Art, und ihr Werk kann nicht hoch genug gepriesen werden.

Das Schulwesen in Tsingtau: Die Kaiserliche Gouvernementsschule, nur für europäische Knaben und Mädchen bestimmt, ist ein Realgymnasium mit drei Vorschulklassen, geht aber vorläufig nur bis Untersekunda und hat die Berechtigung, das Einjährigen-Zeugnis auszustellen. Die Schule wurde vor 12 Jahren mit einer Vorschulklasse und einem Lehrer eröffnet und wurde von Jahr zu Jahr Klasse für Klasse aufgesetzt. Der vollständige Ausbau bis zum Abiturienten-Examen ist je nach Bedarf ins Auge gefasst, wird vor der Hand aber noch nicht für nötig befunden. Englisch und Französisch sind obligatorisch, Latein ist wahlfrei. Es unterrichten jetzt 12 Lehrer. 1911 war die Anstalt von 162 Schülern besucht. Mit ihr ist ein staatliches Alumnat für Schüler aus anderen Plätzen verbunden.

Die Schwestern der Katholischen Mission unterhalten ein Pensionat für fremde Mädchen, das durchschnittlich von 30 Schülerinnen besucht wird.

Die Deutsch-Chinesische Hochschule wurde 1909 von der deutschen und der chinesischen Regierung gemeinsam gegründet. Die letztere steuert alljährlich 40,000 Mark zur Unterhaltung bei. Der erste Lehrer, der zugleich Direktor der Hochschule ist, sowie alle anderen Professoren und Dozenten, fremde wie chinesische, werden von der deutschen Regierung ernannt. Die chinesische Regierung ernennt einen besonderen chinesischen Studieninspektor, der die chinesischen Studien überwacht und ihr über die Fortschritte der Schüler Bericht erstattet. Die Schule hat zwei Abteilungen. Die Unterstufe gewährt in einem fünfjährigen Kursus Elementarunterricht in Deutsch, Chinesisch, Arithmetik, Algebra, Geometrie, Geschichte, Geographie, Naturgeschichte, Botanik, Zoologie, Chemie, Hygiene, technischem Zeichnen, Physik und Musik; Englisch und Stenographie sind wahlfreie Fächer.

Wer diese Vorbereitungsklassen mit Erfolg durchgemacht hat, wird zur eigentlichen Hochschule zugelassen. Diese hat vier Fakultäten: Jura, Volkswirtschaft u. s. w., Natur- und Ingenieurwissenschaften (Eisenbahnbau, Bergbau, Elektrotechnik u. s. w.), Land- und Forstwissenschaft und Medizin. Mit Ausnahme der juristischen haben alle Abteilungen Unterabteilungen oder Klassen. Schüler, die in die Vorbereitungsanstalt aufgenommen werden wollen, müssen mindestens 13 Jahre alt sein und das Abgangszeugnis einer höheren chinesischen Elementarschule beibringen oder ein entsprechendes Examen ablegen. Die Altersgrenze für den Eintritt in die Oberstufe der Hochschule ist 18—20 Jahre; Die Bewerber müssen das Abgangsexamen der Vorbereitungsanstalt bestanden haben. Das juristische, land- und forstwissenschaftliche Studium dauert 3, das der anderen Fakultäten 4 Jahre.

Die Schlussprüfungen werden in Gegenwart eines Vertreters der chinesischen Regierung abgehalten. Gute Schüler werden zur Beamtenkarriere zugelassen. Das Schulgeld beträgt für die Unterstufe 35 $, für die Oberstufe 50 $ jährlich. Die Schüler müssen in der Anstalt wohnen. Für Kost und Wohnung sind monatlich 6 $ zu zahlen. 1909 begann die Schule mit 63 Schülern, während des Jahres 1911 stieg die Zahl der Schüler auf über 200. Das Lehrerkollegium besteht aus 25 deutschen Professoren und Dozenten, 7 chinesischen Lehrern und einer Anzahl von Uebersetzern und Hilfslehrern. Mit der Hochschule ist auch ein Lehrmittelmuseum mit betriebsfähigen Maschinenmodellen, technischen Apparaten usw. verbunden, sowie eine Turnhalle und eine landwirtschaftliche Versuchsstation.

In den grösseren Dörfern des Schutzgebietes bestehen 12 Gouvernementselementarschulen, die von chinesischen Lehrern, meist Seminaristen der deutschen Missionsanstalten, geleitet werden. Neben diesen Gouvernementsschulen bestehen folgende deutsche Missionsschulen für Chinesen: 16 Elementarschulen mit 284 Schülern, eine Mittelschule mit 45 Schülern, 2 Mädchenschulen mit 95 Schülerinnen, 1 höhere Mädchenschule (eben erst eröffnet), 2 deutsch-chinesische Seminare mit 167 Schülern, ein Lehrerinnenseminar, 1 Kindergarten und eine Klöppelschule.

Die Amerikanisch-Presbyterianische Mission hat gerade die Gebäude für ein Predigerseminar und eine Hochschule in Tsingtau vollendet, die mit einigen 50 Elementarschulen ausserhalb des Pachtgebietes in Verbindung stehen.

Stadtverwaltung und Sanitätswesen; Museen; Krankenhäuser: Die Reform der städtischen Verwaltung, besonders auch in sanitärer Hinsicht, hat in Tsinanfu und der dortigen Fremdenniederlassung während der Amtsführung des Gouverneurs Sunpaotschi grosse Fortschritte gemacht. In der Innenstadt wurden zahlreiche Strassen mit gutem Steinpflaster versehen. Rikschas wurden eingeführt. Ein Strassenreinigungssystem wurde geschaffen und Telefonverbindungen eingerichtet. Die Hauptstrassen und der Gouverneurspalast erhielten elektrische Beleuchtung und gutchaussierte Strassen verbinden die Stadt mit den beiden Hauptbahnhöfen der Schantung-Eisenbahn im Osten und Westen. Die Fremdenniederlassung im Westen der Altstadt wurde 1906 eröffnet. Es ist eine vortreffliche Anlage. In der Mitte ist ein öffentlicher Platz angelegt. Die breiten, chaussierten Strassen werden in guter Ordnung gehalten und an der Hauptstrasse stehen eine ganze Reihe schöner Bauten, wie das deutsche Konsulat, die Deutsch-Asiatische Bank und die Eisenbahngebäude. Ferner befinden sich dort ein deutsches Postamt, zwei europäische Hotels und eine Anzahl Zweigniederlassungen Tsingtauer Firmen. Die Kommunalverwaltung der Niederlassung liegt in den Händen der Chinesen. Fremde Kontrolle ist sorgfältig ausgeschlossen; doch zeigen die umfangreichen Bestimmungen freundliches Entgegenkommen. Gleichzeitig mit Tsingtau sind auch noch die beiden Städte Tschoutsun und Weihsien dem fremden Handel eröffnet worden. Bisher hat aber noch keine fremde Firma von dieser Erlaubnis Gebrauch gemacht.

Museen: 1908 tauchte der Plan auf und fand auch allgemeine Zustimmung, in Tsinanfu eine ständige Musterausstellung einzurichten, die der Reihe nach in allen an der Eisenbahn gelegenen Distriktsstädten gezeigt werden sollte. Mehrere Tsingtauer Firmen sandten eine Anzahl schöner Modelle von Maschinen und Apparaten ein. Doch da die Mittel unzureichend waren, musste der Plan wieder aufgegeben werden. Ob der Handel irgendwelchen Vorteil daraus gezogen hat, ist zweifelhaft. — Die englische Baptistenmission in Tsingtschoufu hatte 1887 ein Schulmuseum gegründet, das nach Tsinanfu verlegt und dort mit dem sogenannten „Institut" vereinigt wurde. Das Museum enthält reiches Anschauungsmaterial aus der Naturgeschichte, geographische Karten und Globen, Geschichtstabellen und Statistiken, Modelle und Skizzen zur ersten Einführung in die Naturbeschreibung, Geographie und Astronomie, betriebsfähige Modelle zur Erläuterung unserer Verkehrsmittel, Apparate zur praktischen Vorführung wissenschaftlicher Ergebnisse u. v. a. m. Zu dem Institut gehören auch Lesezimmer, eine Bibliothek, Vortragssäle u. s. w. Es ist täglich geöffnet und ist in den letzten 5 Jahren von mehr als einer Million Menschen besucht worden.

In Tsingtau gibt es ausser dem oben bereits erwähnten Lehrmittelmuseum der Hochschule noch das Zollmuseum. Es ist im Jahre 1909 eingerichtet worden und enthält eine annähernd vollständige Sammlung der Produkte und Erzeugnisse der Provinz Schantung, mit sorgfältigen Bezeichnungen, die über Ursprungsort, Preise, Ausfuhrmengen u. s. w. Auskunft geben, ferner eine Sammlung der hauptsächlichsten Einfuhrartikel, nach den Ursprungsländern geordnet, mit statistischen Angaben über die eingeführten Mengen mit Wertangabe u. s. w., weiter eine Sammlung chinesischen Porzellans, neues und altes nebeneinander enthaltend.

Krankenhäuser: In Tsinanfu besteht ein von der Provinzialverwaltung unterhaltenes Krankenhaus, das einzige seiner Art in Schantung. Ursprünglich eine bescheidene Anstalt, wurde es unter dem Gouverneur Tschoufu beträchlich erweitert. Die Leitung hat ein vom Gouverneur besonders dafür ernannter Tautai. Als Aerzte sind ein Europäer und zwei Chinesen tätig. Die Anstalt ist mit allen Errungenschaften der Neuzeit versehen; die Baulichkeiten sind in guter Ordnung, und die ganze geräumige Anlage ist sehr zweckentsprechend eingerichtet. Der Besuch ist leider nicht so gross, wie er sein sollte, trotzdem die Kranken unentgeltlich aufgenommen werden; ein Beweis, dass das Volk seine Aerzte alten Stiles immer noch vorzieht.

Missionskrankenhäuser und Apotheken sind von allen Missionen, evangelischen und katholischen, in fast allen Städten der Provinz eingerichtet worden; sie leisten Vorzügliches. Die Zahl der Patienten in diesen Krankenhäusern wird auf jährlich über 200,000 geschätzt.

In Tsingtau ist das Hauptkrankenhaus selbstverständlich das Gouvernements- und Militärlazarett. Es liegt am Fusse eines Hügels und überschaut die Stadt. Die Anlagen sind sehr geräumig und vortrefflich eingerichtet. Sie enthalten eine ganze Anzahl von Gebäuden, darunter auch Isolierbaracken und einen Frauenpavillon. Das Lazarett, obgleich in erster Linie für Marine und Militär bestimmt, nimmt auch Zivilisten auf, die für den Tag ungefähr $ 7 zu zahlen haben, wobei alles, auch die Medikamente, einbegriffen ist.

Das Faberkrankenhaus ist 1906 von der Bürgerschaft errichtet worden, zum Andenken an den hochverdienten Sinologen Dr. Faber, der 1899 in Tsingtau gestorben ist.

Es wird von dem Zivilarzt und drei ausgebildeten Schwestern geleitet und, soweit die eigenen Einnahmen nicht ausreichen, durch freiwillige Beiträge der Bürgerschaft unterhalten. Das Krankenhaus ist in der höchsten und gesündesten Gegend der Stadt in einem schattigen Garten gelegen und blickt auf einen waldbestandenen Hügel. Es enthält 11 bequem eingerichtete Krankenzimmer mit Veranden nach Süden. Man hat insbesondere auch Gelegenheit zu Bädern und Massagen aller Art, auch ein Röntgenapparat ist vorhanden. Die Schwestern sprechen französisch und englisch; eine ist als Hebamme ausgebildet. Die Preise für Unterkunft und Verpflegung schwanken zwischen 3 und 7 $ für den Tag. Die Wahl des Arztes ist den Patienten überlassen.

Für die chinesische Bevölkerung gibt es zwei Krankenhäuser: Das eine ist das von der Weimarer Mission gegründete chinesische Faberhospital mit 40 Betten, in dem Arme kostenlos behandelt werden. Diesem Hospital steht eine europäische Krankenschwester vor. Der Zivilarzt besucht es regelmässig. Eine Erweiterung dieses Hospitals ist geplant; für bessere Chinesen, die für die Pflege bezahlen können, sollen besondere Räume gebaut werden. Alljährlich werden hier über 10000 Patienten behandelt. Eine Zweiganstalt besteht in der Chinesenstadt Taitungtschen, eine andere in Kaumi. Das zweite Hospital für Chinesen wird in Tsingtau von der Katholischen Mission unterhalten. Hier kommen alljährlich über 24000 Fälle zur Behandlung. Das Hospital wird täglich von einem Marinearzte besucht.

B e v ö l k e r u n g s b e w e g u n g: Alljährlich im Frühjahr gehen gegen 250000 Arbeiter nach den mandschurischen Provinzen. Die meisten kehren im Herbst wieder zurück. Bis 1911 hatten Tschifu und die kleinen Häfen der Nordküste der Schantunghalbinsel, von wo kleine Dampfbarkassen nach Niutschuang fahren, das Monopol für dieses Auswanderungsgeschäft. Neuerdings sind aber auch in Tsingtau mehrere Kuliagenturen und -herbergen errichtet worden, und man hofft, durch die regelmässigen Dampferverbindungen mit Tschifu, Niutschuang, Dalny und Wladiwostok einen Teil dieses Geschäftes nach Tsingtau zu ziehen.

P r e i s e und L ö h n e: Tsingtau geniesst den Ruf, der teuerste Hafenplatz ganz Chinas zu sein. Europäische und chinesische Lebensmittel sind durchschnittlich um 15% teurer als in Schanghai. Die europäischen Läden berechnen gewöhnlich einen Dollar für das, was zu Hause eine Mark kostet, und in chinesischen Läden zahlt man für das, was in

Schanghai 1 $ kostet, 1,25 $. Der Hauptgrund dafür ist die hohe Haus- und Ladenmiete, die in Tsingtau um 30 % und mehr höher ist als in Schanghai. Die Gouvernementsverfügungen verhindern den Bau billiger Häuser und ein zu gedrängtes Wohnen. Der Wert und die Baukosten der Häuser sind daher verhältnismässig hoch, und dementsprechend sind natürlich auch die Mieten. Hinsichtlich der Lebensmittelpreise zeigt Tsingtau die üblichen Nachteile des neuen, rasch emporgeblühten, fern von alten Handelszentren gegründeten Hafenplatzes. Es wird noch einige Jahre dauern, bis die Chinesen den Gemüsebau u. s. w. so weit ausgedehnt haben, dass die Nachfrage aus einheimischen Produkten gedeckt werden kann. Vorläufig werden Reis, Kartoffeln und anderes Gemüse noch von Schanghai eingeführt und sind deshalb teuer. Eine sehr grosse Rolle spielt ausserdem der beständige Wechsel der europäischen Militärbevölkerung. Alljährlich wird ein Drittel der Bevölkerung abgelöst; die Neuankommenden, die europäische Löhne und Preise gewöhnt sind, werden stets übervorteilt, worunter die Ansässigen zu leiden haben.

Hungersnot und Teuerungen; Ueberschwemmungen, Pest, Cholera, und andere Epidemien: Während in früheren Jahrzehnten die Provinz hauptsächlich durch Ueberschwemmungen schwer zu leiden hatte, ist sie in den letzten zehn Jahren sowohl von Ueberschwemmungen wie von grossen Dürren heimgesucht worden. Die Trockenheit war besonders in den Jahren 1907 und 1908 sehr gross. 1908 erhielten 90 von den ingesamt 104 Kreisen Steuererlass. In Weihsien und Tsinanfu trat im Sommer 1902 die Cholera sehr heftig auf und verursachte ein grosses Sterben. Anfang 1911 brach die gefürchtete Lungenpest aus. Die ersten Nachrichten von der Pest erreichten Tsingtau im Januar 1911. Am 21. waren Fälle aus Tschifu und Tehtschan (an der Tientsin-Tsinanfu Eisenbahn) gemeldet worden; am 24. war die Seuche bis zu einer Station etwa 30 km von Tsinanfu vorgerückt und der Bahndienst wurde eingestellt. Auf der Schantungbahn wurden strenge Vorsichtsmassregeln getroffen. Alle Passagiere wurden beim Einsteigen in Tsinanfu von einem Marinearzt, den das Gouvernement Kiautschou zur Verfügung gestellt hatte, untersucht; in Fangtse fand eine zweite Untersuchung statt und eine dritte bei der Ankunft in Tsingtau. Alle Schiffe aus nördlichen Häfen hatten 10 Tage Quarantäne. Am 27. Januar kam die telegraphische Meldung von dem ersten Pestfall diesseits Tsinanfu aus Wangtsung

(60 km von Tsinanfu). Daraufhin wurde der Verkehr der Wagen dritter Klasse eingestellt, und am 4. Februar hörte der Personenverkehr ganz auf. Eine undurchdringliche Stacheldrahtumzäunung wurde quer durch die Tsingtau-Halbinsel gezogen und Tag und Nacht von Soldaten abpatroulliert. Nur ein Eingang war gelassen, an dem jeder hereinkommende Chinese desinfiziert und 10 Tage lang in den dort errichteten Baracken in Quarantäne gehalten wurde. Die Chinesen der Grenzdörfer organisierten unter der Leitung deutscher Militärpatrouillen einen regelrechten Grenzwachtdienst und verhinderten jeden Zuzug von auswärts. Auch an der Seefront Tsingtaus waren Wachtposten verteilt. Am 6. Februar wurde die Pest in der Nähe von Fangtse festgestellt. Es versteht sich von selbst, dass so durchgreifende Massnahmen allen Warenverkehr unterbanden und daher die Preise der Nahrungsmittel bedeutend stiegen. Das Kaiserliche Gouvernement im Verein mit der deutschen sowohl wie der chinesischen Kaufmannschaft wusste indessen Mittel und Wege zu finden, der Teuerung zu steuern, sodass schon am 27. Februar die Preise wieder beinahe normal waren. Das Schutzgebiet ist von der Pest ganz frei geblieben und nur ein einziger Fall gerade ausserhalb der Schutzgebietsgrenze vorgekommen. Wenn man die Verdienste des Kaiserlichen Gouvernements an diesem glücklichen Ergebnis auch nicht hoch genug einschätzen kann, so muss auch zugegeben werden, dass die chinesische Regierung durch ihren Repräsentanten Sunpaotschi ehrlich das ihrige dazu beigetragen hat, die Kolonie von der Seuche freizuhalten und sie in der Provinz auf die vereinzelten Seuchenherde zu beschränken. Es wurden die energischsten systematischen Massregeln getroffen im Zusammenwirken mit den deutschen Behörden und Aerzten, deren Anordnungen aufs strengste durchgeführt wurden. Das Gouvernement berief telegraphisch durch die Vermittlung des Zollamts 3 Aerzte aus Deutschland, darunter einen erfahrenen Bakteriologen, und engagierte ausserdem 10 kantonesische Aerzte. Die deutschen Aerzte kamen Mitte März an und verteilten sich sofort auf die von der Seuche heimgesuchten Gegenden. Der Gouverneur liess überall Proklamationen anschlagen, die den gefährlichen Charakter der Seuche erläuterten und gemeinverständliche Ratschläge für die Behandlung der Kranken, der Leichen und ihrer Umgebung sowie Massregeln gegen die Ansteckungsgefahr gaben. In allen Städten und Dörfern der Bahnlinie und den Landstrassen entlang, sowohl wie an allen Küstenplätzen wurden diese Proklamationen verteilt.

Vom 19. März ab durfte man die Gefahr als überwunden ansehen. Am 6. April wurde der Verkehr zwischen der Stadt und dem Hinterlande freigegeben und auch der Dschunkenverkehr unter gewissen Einschränkungen wieder zugelassen; die Eisenbahn nahm ihren Fahrplan wieder auf. Nach dem amtlichen Bericht des Gouverneurs Sunpaotschi sind in der Provinz über 300 Menschen der Seuche zum Opfer gefallen.

Derselbe Sommer brachte noch Ueberschwemmungen; im Kreise Kiautschou wurden mehrere Dörfer von den Fluten fortgerissen, der Damm der Schantung-Eisenbahn wurde streckenweise schwer beschädigt.

Wechsel in Heer und Flotte: Es ist leider unmöglich gewesen, die häufigen Veränderungen während und seit der Reolvution zu verzeichnen.

Chinesische Presse: In den zehn Jahren von 1902 bis 1911 sind eine ganze Reihe Zeitungen gegründet worden. Die meisten hatten aber nur eine kurze Lebensdauer und keine davon grosse Verbreitung.

Revolution: Der Ausbruch der Revolution am 10. Oktober 1911, ihr überraschender Erfolg und ihre schnelle Verbreitung im Yangtsetal hatte anfänglich keinen weiteren Einfluss auf die Provinz als eine Beeinträchtigung des Handels. Das erste Zeichen von Unruhe war eine Meuterei der Pioniere in Tsinanfu am 14. Oktober, welche rasch unterdrückt wurde, und ein durch Verbreitung böswilliger Gerüchte verursachter Sturm auf die Provinzialbank. Eine beruhigende Proklamation des Gouverneurs, worin er die Bevölkerung aufforderte Frieden zu halten und den Beamten sowie der Polizei befahl, mit Strenge gegen Friedensbrecher vorzugehen, hatte mit der gleichzeitigen Vermehrung der Truppen einen besänftigenden Einfluss. Indessen mit dem Vordringen der Revolution am Yangtse wurde die Lage in Schantung trotz anscheinender Ruhe immer bedenklicher, da revolutionäre Elemente aus dem Süden unkontrollierbare Gerüchte verbreiteten. Auf Befehl des Ministerpräsidenten wurden Truppen angeworben, um den noch unvollendeten Teil der Tientsin-Pukou Bahn, etwa 70 Kilometer, zu beschützen, und es wurde befohlen, die Bahn innerhalb 4 Wochen durch ununterbrochene Arbeit bei Tag und Nacht fertig zu stellen. Reserven wurden zur Verstärkung des Kaiserlichen Heeres vor Hankau eingezogen. Da die Provinzialkassen leer waren, erliess der Gouverneur eine Proklamation auf Befehl des Finanzministers, wodurch alle Beamtengehälter um 20% verringert und eine Anzahl Posten aufgehoben wurden. Gehässige Verleumdungen, wonach die Absicht bestehen sollte, die ganze Provinz Schantung für eine Anleihe von 30 Millionen Taels an Deutschland zu verpfänden, veranlassten die Einberufung einer Massenversammlung am 5. November, welche die Unabhängigkeit von Schantung erklärte und dem Thron telegraphisch acht Forderungen unterbreitete. Fünf dieser Forderungen wurden bewilligt, da aber die zweite und dritte (Einstellung der Feindseligkeiten im Süden und Annahme der Bedingungen der Südtruppen) sowie die fünfte (China zu einem Staatenbund nach dem Muster Deutschlands zu erklären) abgelehnt wurde, so erklärte man Schantung zur Republik und erwählte den bisherigen Gouverneur Sunpautschi zum Präsidenten der unabhängigen Republik. Vier Tage später, als die Nachricht eingetroffen war, dass Teile der Kaiserlichen Truppen bei Hankau und an anderen Plätzen zu den Republikanern übergegangen seien, erklärte der Volksrat seine Zugehörigkeit zur Republik China und wählte von neuem Sunpautschi zum Präsidenten. Der Kommandeur der 5. Divison war inzwischen abgesetzt und sein Nachfolger zum Vizepräsidenten ernannt worden. Da wandte die 5. Division, die schon gemeinsame Sache mit der Revolution gemacht hatte, sich plötzlich wieder der Kaiserlichen Regierung zu und auch die Provinzialregierung kehrte reumütig zur Kaiserlichen Partei zurück und erbat in einem Memorial am 29. November die Verzeihung des Thrones. Dem Gouverneur Sunpautschi, welcher seine Handlungsweise in einer Proklamation an das Volk rechtfertigte, wurde in Anbetracht, dass er gezwungenermassen und im Interesse des Friedens gehandelt habe, verziehen und er wurde wieder in sein Amt eingesetzt. Darauf folgten für Tsinanfu ein paar Wochen wirklicher Revolution. Das Leben des Gouverneurs wurde durch Dynamitarden aus dem Süden mehrfach bedroht, am 13. Dezember wurden 13 Meuchelmörder verhaftet, am 14. erkrankte der Gouverneur, wurde in das amerikanische Missionshospital gebracht und reichte am nächsten Tage seine Entlassung ein. Am 18. Dez. genehmigte der Thron das Gesuch zum tiefen Schmerz des Volkes, das den Gouverneur wegen seiner Gerechtigkeit, Wahrheitsliebe und der Ehrlichkeit seiner Verwaltung liebte und bei seiner Abreise grosse Demonstrationen veranstaltete. Alle Bevölkerungsklassen der Hauptstadt beeiferten sich, ihm ihre Anhänglichkeit und ihren Dank zu beweisen. Während all dieser Konflikte und Unruhen in der Provinz blieb das Pachtgebiet dank der sorgsamen Umsicht des Gouvernements vollkommen ruhig. Handel und Gewerbe hatten verhältnismässig wenig zu leiden, während andrerseits die Kolonie durch den Zuzug einer grossen Anzahl ehemaliger Beamten und wohlhabender Chinesen, von denen viele sich hier dauernd niedergelassen haben, den grössten Vorteil hatte.

Schluss: Im ganzen genommen hat die materielle und kulturelle Entwicklung der Provinz Schantung bedeutende Fortschritte gemacht. Besonders in den an das deutsche Pachtgebiet grenzenden und längs der Schantung Eisenbahn liegenden Gebieten ist die Entwicklung des allgemeinen Wohlstandes und die Verbesserung der Lebenshaltung unverkennbar. Die Misstimmung, die in den ersten Jahren nach der Besetzung von Kiautschou herrschte, ist verschwunden. Voll werden die Wohltaten anerkannt, die das Einströmen deutschen Kapitals, die Eisenbahn, der Bergbau und der Tsingtauer Hafen gebracht haben. Der frühere Argwohn und die Furcht vor deutschen Absichten auf Schantung haben gegenseitigem wohlwollenden Verstehen Platz gemacht. Der Ausblick in das nächste Jahrzehnt zeigt allseitiges Vertrauen in die Zukunft. Die allgemeine Entwicklung der Stadt Tsingtau und des ganzen Pachtgebietes gibt der staunenswerten Entwicklung ihres Handels nichts nach. Streng genommen gehört dies ja nicht in den Rahmen eines Handelsberichts. Durch die umfangreichen privaten und staatlichen Kapitalanlagen greift sie aber doch ständig auf Handel und Wandel über und beeinflusst ihn in so fühlbarer Weise, dass ein kurzer Ueberblick über die hauptsächlichsten Momente der Entwicklung gerechfertigt scheint.

Allein in den Eisenbahn- und Bergbauunternehmungen sind über 70 Millionen Mark angelegt. Dazu kommen der neue Hafen mit seinen Molen u. s. w., die Leuchttürme und sonstigen Schiffahrtseinrichtungen, das Schwimmdock von 16000 Tonnen, der elektrische Riesenkrahn, die Werftwerkstätten u. s. w., die von dem Gouvernement mit einem Kostenaufwand von einigen 50 Millionen Mark erbaut worden sind. Ausserdem sind in den zehn Jahren eine grosse Anzahl prächtiger öffentlicher Gebäude errichtet worden, die Hochschule und sonstige Schulen, die Kirche, das Gouvernementsdienstgebäude, ein Polizeiamt, drei geräumige Kasernen für die Garnison, grosse Krankenhäuser, das Gouverneurwohnhaus, ein Observatorium u. a. m. Weder Geld noch Arbeit ist gespart worden, um Tsingtau zu vervollkommnen und zu verschönern. So ist dieses einstige Fischerdorf heute eine schöne moderne Stadt, die, zumal in Anbetracht ihrer Jugend den Vergleich mit jeder anderen im ganzen Osten aufnehmen kann. Ihre Fahrstrassen und Reitwege sind breit und wohlgepflegt, mit schmalen Geleisen aus Granitplatten für die hier zu Lande unvermeidlichen Schubkarren versehen und zu beiden Seiten mit Bäumen bepflanzt durchziehen sie die malerische Stadt mit ihren geschmackvollen Baulichkeiten und ihren waldbestandenen Anhöhen und führen in die wildzerklüfteten Lauschanberge. Für die Verbesserung der gesundheitlichen Verhältnisse Tsingtaus ist alles nach Möglichkeit geschehen. Die elektrisch beleuchteten Strassen werden peinlich sauber gehalten. Für das ganze Strassennetz ist ein ausgedehntes Kanalisationssystem angelegt. Eine vollendete Wasserleitung versorgt die Stadt reichlich mit einwandfreiem klaren Wasser, das unter Kontrolle eines Bakteriologen dem unterirdisch fliessenden Litsunfluss entnommen und von dort etwa 15 km weit nach dem hoch über der Stadt gelegenen Reservoir gepumpt wird. Die Stadt hat einen unter der Aufsicht eines Sachverständigen stehenden Musterschlachthof mit Kühlräumen und einer Gefrieranlage, die die ganze Einwohnerschaft mit Eis zu versehen vermag. Streng beaufsichtigte Märkte versorgen die Bevölkerung reichlich mit frischen Seefischen, Geflügel, Gemüse, Obst in vorzüglicher Qualität. Nicht zu vergessen Milch, Sahne und Butter, die von deutschen und chinesischen Molkereien das ganze Jahr hindurch ausgezeichnet geliefert werden. Die Anhöhen der Stadt und deren Umgebung, früher beinahe kahl, sind mit den verschiedensten Baumarten angeschont. Schattige Spazier- und Reitwege durchziehen den jungen Wald nach allen Richtungen, an jeder Biegung neue herrliche Ausblicke bietend. Dazu kommt das vorzügliche Klima mit seinen kühlen Seebrisen im Sommer und mit der gesunden herrlichen Bergluft des Lauschan, um die gesundheitlichen Verhältnisse Tsingtaus zu den allerbesten an der chinesischen Küste zu machen. Kranken stehen drei Krankenhäuser zur Verfügung, das Gouvernementslazarett, das Faberkrankenhaus und die Chinesenhospitäler; den Erholungsbedürftigen zwei Sanatorien, eins in der Stadt und das andere im Lauschan. Die wachsende Zahl der Sommergäste findet in mehreren Hotels und Pensionen gute Unterkunft. Der prachtvolle Badestrand mit grünbewaldeten Höhen im Hintergrunde, mit seinen drei Reihen Badebuden in allen möglichen Farben und Formen, mit Hunderten von sich fröhlich tummelnden Badegästen und seinen Nachmittagskonzerten, bietet ganz das Bild eines vornehmen europäischen Badeortes.

Bei der Schilderung all dieser grossen Fortschritte dürfen die erfolgreichen Bemühungen der Forstverwaltung und anderer Behörden nicht vergessen werden, durch welche die Landbevölkerung von ihren den Boden verarmenden Gewohnheiten, allen Pflanzenwuchs aus dem Boden zu kratzen und allen Bäumen die Kronen auszubrechen, abgebracht und sogar zur selbstständigen Anforstung ihres eigenen Oedlandes an den Bergabhängen veranlasst worden ist, wozu ihr Anleitung und die nötigen Sämereien gegeben wurden. Ebenso sind alle möglichen europäischen Obstsorten eingeführt worden. Die Leute wurden im Beschneiden und Pfropfen der Bäume unterwiesen. Alljährlich sind in der letzten Zeit tausende von Pfropfreisern an die Dorfschaften verteilt worden, mit dem Erfolg, dass fremdes Obst, Kirschen, Birnen, Aepfel, Pflaumen, Johannisbeeren, Stachelbeeren, Himbeeren und Erdbeeren in immer wachsenden Mengen auf den Markt kommen. Zur Veredelung der einheimischen Rindvieh- und Ziegenzucht sind hochwertige Zuchttiere aus Europa eingeführt worden, auch europäisches Geflügel bester Rasse. Alle diese Bemühungen haben ihre volle Wirkung bei der Bauernbevölkerung gehabt, die dadurch sichtlich vorwärtsgekommen ist. Die alten ausgetretenen Maultierpfade sind längst durch vorzügliche, für Wagen fahrbare Strassen ersetzt, und der ununterbrochene Verkehr auf ihnen zeugt am deutlichsten von den Vorteilen und Erfolgen der neuen Ordnung. Jedes Fleckchen Land wird sorgfältig bebaut. Die Erzeugnisse können jetzt leicht überallhin transportiert werden und finden stets einen aufnahmefähigen Markt. So ist denn der Wert des bebauungsfähigen Landes seit der Besitzergreifung Kiautschous um das Vierfache und mehr gestiegen. Dank der vorzüglich organisierten Polizei herrscht überall gute Ordnung, Die revolutionären Ausschreitungen der letzten Zeit in den Nachbargebieten haben im Schutzgebiet nur sehr geringes Echo gefunden. Endlich darf auch der Sport nicht vergessen werden. Das Forstamt hat in seinen Pflanzungen Rehe, Fasanen, Rebhühner u. s. w. ausgesetzt. Die Gegend selbst war von jeher schon reich an Hasen, Schnepfen, Wachteln und Wassergevögel, sodass schon jetzt eine gute Jagd vorhanden ist. Ferner ist ein wundervoller, herrlich gelegener Rennplatz mit einer Bahn von $1^1/_4$ engl. Meile, samt Polo-, Golf- und Fussballplätzen angelegt worden. Auf die kulturelle Entwicklung braucht hier nicht mehr eingegangen zu werden. Das Nötigste über Schulen u. s. w. ist bereits unter „Erziehungswesen“ gesagt worden.

Tsingtau steht nach Ablauf dieser zehn Jahre in der Tat in jeder Beziehung auf der Höhe der Zeit, und seine Zukunft ist ohne allen Zweifel gesichert. Für China und die Chinesen ist es ein Musterbeispiel. Tsingtau zeigt, wie ein verlorener Dschunkenhafen innerhalb weniger Jahre in ein blühendes Handelszentrum umgewandelt werden kann, und beweist, welche Erfolge man mit einem guten Hafen und einer einzigen Eisenbahnlinie unter sorgfältiger Verwaltung und einer fähigen Regierung erzielen kann. Diese hervorragende Leistung und all die Vorteile, die daraus für die Provinz, ihre Bevölkerung und ihre Regierung erwachsen sind, werden auch voll anerkannt. Deutschland kann stolz auf diese seine jüngste Kolonie sein und auf das, was es hier in so kurzer Zeit zustande gebracht hat.

FSC
www.fsc.org
MIX
Papier | Fördert gute Waldnutzung
FSC® C083411

Zeitfracht Medien GmbH
Ferdinand-Jühlke-Straße 7
99095 Erfurt, Deutschland
produktsicherheit@kolibri360.de